やさしい気候学

気候から理解する世界の自然環境

第 4 版

仁科 淳司 著

古今書院

Fundamental Climatology

Fourth Edition

Junji NISHINA

Kokon Shoin, Publishers, Tokyo

2019 ©

はじめに

　『やさしい気候学』の初版は 2003 年の 7 月に刊行された．初版は，もともと
は 4 単位用の通信教育用テキストを作成するにあたって，明治学院大学で講義
してきた教職課程の「自然地理学」（4 単位）と帝京平成大学で講義してきた
「自然環境情報」（2 単位）の講義ノートをもとに，2～4 単位用に再構成したも
のを教科書としてまとめたものである．

　初版が出版されてから本書は多くの先生に採択され，多くの学生に利用され
てきた。まずはこれらの方々に深く感謝したい。実際に自分で使ってみても，
加えたい図，外してもよかったと感じた図がいくつかあり，使い勝手の悪さや
自分の能力のなさに時には冷や汗をかき，時には腹立たしさも覚えた。おそら
く他の先生や学生の皆さんの中にはそれ以上に使いにくさを感じていたと思
う。にもかかわらず，「次年度に必要な冊数が確保できないかもしれません」
と古今書院の編集部の関さんから連絡をいただいた時は，「えっ，もう ?!」と
驚かずにはいられなかった。「そんなに支持されていたんだ」という嬉しさと
同時に，「前より使いにくく，わかりにくくなった」と失望されたら……と，
妙なプレッシャーにも襲われた。しかし時間はあまりない；最近の多忙さとい
ったら「博士論文を書いてたときは暇だったなあ……」と懐かしむありさまな
ので。そこで毎年書き直している最近数年間の講義ノートをもとに，まずは自
分で少しでも使いやすいものに変えていこうと考え，パソコンに向かった次第
である。

　今回の改訂では以下の 3 点に留意して行った。第 1 に，必修科目の「地理総
合」が高校地理歴史科に導入されたことである。これはこれで喜ばしいのかも
しれないが，正直筆者は危惧している。かつて世界史が必修になったとき，む
しろセンター試験での世界史の受験者は減ったように，必修にするとその科目
はむしろ衰退する傾向があるように思える。地理の場合は若干事情が深刻で，
これまで地理の教員の採用が少なかった状況を考えると，中学を含め，地理を
専攻していない教員が地理を教えることが多くなることは確実であろう。しか
も教員の中には理科系の科目に対するアレルギーを持っている方もおられるだ
ろう。もともと地理学教室は理学部にあった，もしくは理学部出身の方が始め
られた講座なので，地理自体理科系科目の要素が強いのだが，その中でも自然

地理はコテコテの理科であり，気候分野は多くの人が（実は筆者も）毛嫌いする物理の要素が入ってくる。このような背景の下で，コテコテの文科系出身の教員にも理解してもらえるよう，第3版までと同様，「正確さよりもわかりやすさを優先する」の方針で改稿した。

　第2に，自然災害の扱いが増したことである。教壇に立ったときはもちろん，社会人としても，「日本は自然災害の多い国である」を知識として理解しておけば，気象災害である梅雨や台風による豪雨，地形災害である地震や火山噴火といった，毎年のように発生する自然災害に対する防災意識は少しでも高まり，もう少し被害は減らせたのでは……と思っている。もちろん，われわれ自然地理学研究者がそれを十分社会に伝えてこなかったのが大きな原因だが。そこで，第3版で記述が不十分だった気象災害以外の災害についても記述を増やした。

　第3に，教職科目に対する「一般的・包括的内容を含むものとする」という文部科学省の通達—筆者が教育原理の授業で教わった近代公教育の理念である「カネは出すが口は出さない」と真逆の政策を行っている役所で，われわれは「文句省」と呼んでいるのだが—があったことである。この通達自体何を言っているのかわからないが（恐らく言っている当人も），ならば自然地理の「包括的内容」，すなわち地形や植生・土壌の内容にも触れることにした。ただし，地形，気候，……のような羅列的な記述は採用しなかった。そうすると，恐らく高校地理の焼き直しとの評価を下す学生がいると思われるからである。文科系の学生や文科系出身の教員にとって，物理はある意味鬼門である。その鬼門に近い分野である気候をしっかりたたいておけば，他の分野は何とかなるだろう……楽観的かもしれないが，気候中心のスタンスは変えなかった。

　こうしてできあがったのが第4版である。第1〜5章は小修正にとどめ，わかりにくいと思われる第3章は少し表現を削減した。ページ数の関係で，横向きになっている図は一部縦向きにしたため，第3版に比べて見にくくなっているものもある。それに比べて大きく変えたのが第6章以降で，日本史・世界史の教科書で扱われる「小氷期」についても明確に記述している。もともと前期2単位，後期2単位の授業に使用することを想定して作成しているが，以下のような使い方ができると思われる。

　前期：第1章（気候システムを除く），第2章〜5章

　後期：第6，7章，第1章（気候システム），第8章

　半期だけ：第2〜4章，第6，7章は取捨選択

後期に多少余裕があるので，第7章で「大学の地元の地域の地形発達」のような内容—筆者の場合は『東京の自然史』をサブテキストにした東京の地形発達—を加えるか，第8章で地球環境問題に関する最新の話題を加えることは十分可能だろう．教職科目として2単位で使い切るのであれば，学生の教室以外での学習が増えることになるが，たとえば空所を補充しながら先へ進む「プログラム学習」のような補助プリントを作成すれば，学生の負担も軽くなるであろう（教師の負担は増えてしまうが）．また，通信課程などの独習の場合は，各章の理解すべき事項を把握し，本文を汚しながら熟読し，「この章のまとめ」「この章のキーワード」で学習内容を再確認し—自分の言葉でまとめるのが最も効果的な学習法であろう—，「理解度チェック」で理解を深め，余裕があれば「研究課題」に挑戦するとよい．

　ページ数などの関係で，旧版同様かなり簡潔な教科書になっている．また，言い訳になってしまうが，時間の制約や，新しい図の中にはむしろ表現力という点では劣ることもあって，旧版のままの図表もある．これらは機会があれば新しいものに変えていくつもりだが，必要なところは授業担当者が独自で補っていただければと思う．一方でできるだけ多くの担当者が共通に使える教科書・指定図書および参考書にしていきたい（それによって授業準備の負担が軽くなるのが理想だが）とも考えているので，使ってみて気づかれた点をご教示いただければ嬉しい．可能な限り反映させていきたいと思っている．

　最後になりましたが，裏表紙のケッペンの気候区分図は，帝京大学文学部の三上岳彦先生のご教示を受けたものを利用しました．また，世界の年平均気温の分布図と年降水量の分布図は，帝京大学文学部の平野淳平先生に作成していただいたものを利用しました．古今書院の編集部の関　秀明さんにはいつもながらお手数をおかけしました．また，新たに加えた図の引用・転載を許可していただいた各位にも深謝します．逆に割愛することになってしまった図の著者各位には，大変申し訳なく思っています．以上の方々，そして決して上手とはいえない（と筆者は思っています）授業につきあっていただき，いろいろコメントをいただいた明治学院大学・津田塾大学・千葉大学・都留文科大学のかつての受講生の皆さん，本当にありがとうございました．

2018年12月24日

仁科 淳司

目　　次

はじめに

第1章　気候とは ……………………………………………………1

（1）　気候の定義　　1

（2）　気候の表現法　　3

（3）　気候システム　　6

　コラム①：気候景観　　9

　この章のまとめ　　11

第2章　世界の気温 ………………………………………………12

（1）　大気上端で太陽から受容するエネルギー　　12

（2）　地表で受容する「正味の」エネルギー　　16

（3）　世界の気温分布　　21

　この章のまとめ　　26

第3章　世界の気圧・風 …………………………………………29

（1）　風の吹き方　　29

（2）　大気の大循環　　32

（3）　世界の気圧・風の分布　　35

（4）　世界の海流　　38

（5）　東岸気候と西岸気候　　39

　コラム②：回転水槽の実験　　41

　この章のまとめ　　43

第4章　世界の降水量 ……………………………………………46

（1）　雨の降り方　　46

（2）　世界の降水量分布　　54

　この章のまとめ　　58

目　次　v

第5章　世界の気候区分 ……………………………………………61

（1）　気候区分とは　61

（2）　成因的気候区分　61

（3）　結果的気候区分　66

　　この章のまとめ　75

第6章　日本の気候 ……………………………………………………77

（1）　世界全体からみた日本の気候　77

（2）　日本の気候を特徴づける要因　81

（3）　温帯低気圧以外の降水要因　84

（4）　日本の気候区分　94

　　この章のまとめ　94

第7章　変わってきた気候 ……………………………………………98

（1）　第四紀の気候変化と氷河性海面変動　98

（2）　沈水と離水　101

（3）　最終氷期の気候　104

（4）　沖積平野と気候変化　104

（5）　後氷期〜歴史時代の気候変化　108

（6）　観測時代の気候　115

　　コラム③：プレートテクトニクスからみた日本の地形　118

　　この章のまとめ　121

第8章　異常気象と変わりつつある気候 …………………………124

（1）　異常気象—エル＝ニーニョ現象を例に　124

（2）　地球温暖化　128

（3）　ヒートアイランド現象　130

（4）　砂漠化・植生破壊　133

　　この章のまとめ　135

参考図書　137　　　索引　142

補遺1：新期造山帯と大気大循環　146　　　補遺2：世界の土壌分布　148

第1章　気候とは

> この章の学習目標:
> **1**　気候とは何か. 気象とどうちがうのか.
> **2**　ある場所（東京・日本など）の気候を表現するにはどのような方法があるか.
> **3**　「気候システム」とはどのような立場から出てきた考え方か. これにより気候はどう定義されるか.

（1）　気候の定義

　そもそも「気候」とは何だろうか. 日常会話ではほとんど同じ意味に使われている「天気」「天候」「気象」とはどう違うのか.

① 2003年4月1日14時など, ある特定の時刻における大気の総合的状態を「天気」と言う.「4月上旬」「春」など, 数日から数か月程度の大気の総合的状態を「天候」と言う. 英語ではともにweatherである. ただし, 基準として考えている期間の取り方によって, 対象とする時間が同じでも「天気」になったり「天候」になったりすることもある. 100年間を考察する対象とすれば, 2003年4月上旬の「天気」と言ってよいだろうが, 2003年を考察する対象とすれば「天候」と言うべきである.

②「気象」はもともと「大自然」のような意味を持つ言葉だったが, 明治時代に大気現象の意味で使われるようになったことから, いわば「大気の状態が不安定」などの「大気の物理的現象」の略語であるとみなすことができる. したがって, 対応する一字の英単語は正確にはなく, atmospheric physical phenomenaとでも言わねばならない. ただし,「気象学」に相当する単語はmeteorologyである. それゆえ, よく使われる「気象現象」という言葉は, 二重に言葉を重ねたものであり, 好ましい言い方ではないと思われる.

表 1-1 気候の対象とする空間スケールとそれぞれの事例

気　候	地域の水平的広がり	対象とする範囲の例	研究対象の例
微気候	数 cm～数十 m	室内の気候 衣服内の気候	風の息
小気候	数 m～10 数 km	都市気候 山地の気候	ヒートアイランド現象
中気候	数 km～数百 km	関東地方の気候 盆地の気候	集中豪雨
大気候	数百 km～4 万* km	日本の気候 季節風帯	モンスーン（季節風）

＊：地球を半径約 6,400 km の球とみなすと，地球一周は約 4 万 km になる．

③「気候」は climate と言う単語で表され，ある程度の幅を持ちつつ，1 年を周期として最も高い確率で出現する大気の総合的状態を言い，通常は 30 年以上の観測値を平均した気候要素（後出），もしくはそのように見なせるもので表現される．これは天気予報で「平年の値」と言われているものである．気候の語源は，ギリシャ語では κλιμα ＝傾きであり，これは太陽と水平線との角度，いわば太陽高度を意味する．中国語では，太陽高度によって 1 年を 24 の「節気」に分け（それぞれに春分・立夏・大寒などの名前がついている．天気予報で毎月 5 日前後と 20 日前後に報じられる），それぞれを初候・二候（次候）・三候（末候）に分け，黄河流域で農作業の目安としていたほか，動植物などの自然現象の変化を知らせるものとしていた．したがって，中国でももとをたどれば太陽高度に関係した言葉である．

④ 気候と気象とのもう一つの大きな違いは，気象は場所や空間的な広がりをあまり考えない用語であるのに対し，気候はそれらを重視する用語であることである．後者について，気候が対象とする空間スケールごとの呼び名をまとめたのが表 1-1 である．大気候はたとえば季節風や梅雨などの現象を扱う分野である．中気候はたとえば集中豪雨や関東平野の風などを，小気候は後出のヒートアイランド現象などを，微気候は風速の細かい変化（風の息）や部屋の中の気候などを，それぞれ扱う分野である．本書ではほとんど大気候に含まれる分野を扱う．

（2） 気候の表現法

では，たとえば東京の気候を研究・表現するにはどうしたらいいだろうか．これには6つほどの主要な方法がある．

① **気候要素を用いる**：観測によって得られる大気の性質・状態を示したものは気象要素といい，表1-2のように，これらの30年以上の平均を取るなどの統計処理をしたものを気候要素という．これを用いて表現するもので，最も思いつきやすい方法であろう．現在は，地域気象観測システム（AMeDAS = Automated Meteorological Data Acquisition System）が整備され，ロボットにより観測されたデータを集めている．また，コンピュータの発達によって，複雑なデータ処理が可能になり，今後まだまだ発展

表1-2 気候要素の一覧（気象庁のHPより作成）

種　類	内　　容	単位・表示方法	気候要素として用いられるものの例
気　温	空気の温度	0.1℃単位で表示	日・月・年の平均値・最高値・最低値・極値，日較差・年較差
降水量	降った雨や雪の量	0.5 mm単位で表示．雪などは溶かして観測	日・月・年の量・最大値，降水日数，極値
風　向	風の吹いてくる方向	10分間の平均値を16方位で表示	日・月・年の平均値・最多
風　速	風の速さ	10分間の平均値を0.1 m/s単位で表示	日・月・年の平均値・瞬間値・極値
日照時間*	太陽が照らした時間	0.1時間（6分）単位で表示	日・月・年の時間
積雪の深さ	積もっている雪の地面からの高さ	1 cm単位で表示．「●時間前からの差」を「前●時間降雪量」としても表示	日・月・年の平均値・最高値・最低値
湿　度	空気の相対湿度	1%単位で表示	日・月・年の平均値・最高値・最低値

＊気象衛星などから得られる推計値として表示．

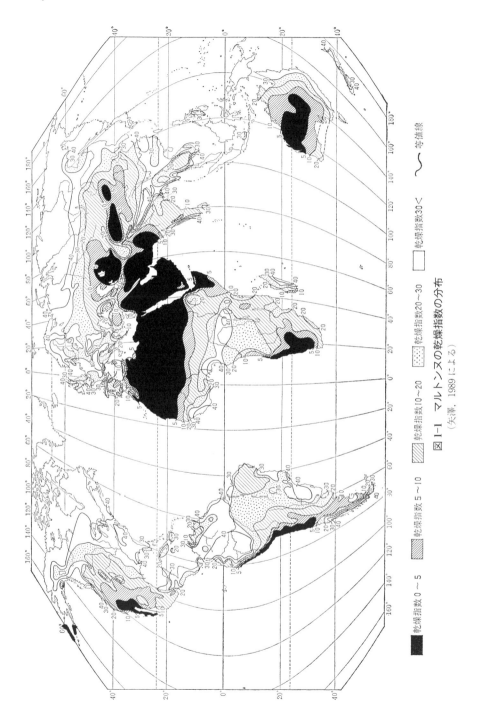

図 1-1 マルトンヌの乾燥指数の分布
(矢澤, 1989による)

する分野である．30年という期間が変わらなければ気候の値は動かないため静気候学的方法という言い方や，昔から行われているので古典気候学的方法という言い方もある．

② 「指数」を用いる：気候要素単独ではなく，これらを組み合わせ計算するなどして何らかの「指数」を作り，これによって表現する方法もある（いわば体格指数（BMI：Body Mass Index，体重を身長の2乗で割った値）で人の体型を表現するのに似ている）．図1-1に示した例はマルトンヌの乾燥指数（AI）と呼ばれるものであり，これは以下のように計算される．

$$AI = P/(T + 10)$$

ただし，P：年降水量（mm）

T：正の値を示す月平均気温の総和を12で割ったもの（負の月平均気温の値がなければ年平均気温と同じ）（℃）

この値は以下のように自然景観や農業のやり方と対応している．

5未満：完全な砂漠 　　　　　　5～10：灌漑が必要

10～20：一時的に流水あり 　　20～30：乾燥農法が可能

30～40：水の枯れる河川は稀 　40以上：林地

また，$AI = 20$ がほぼ湿潤気候と乾燥気候の境界とされる．ただ，それぞれの指数の意味が何であるか，あるいは何を表現できて何を表現できないかは明確にしておく必要がある．

③ 天気図の出現頻度を用いる：以下の④⑤とあわせ，日本の例は第6章を参照されたい．天気図をいくつかの型に分け，「どの天気図型が，いつ，どの程度の頻度で出現するか」によって気候を表現する方法である．天気図は，ある範囲の気候をいわば総合的に観ることができる．このような研究・表現方法は総観気候学とよばれ，第二次世界大戦後発展した方法であり，近代気候学的方法の1つに分類される．また，高気圧・低気圧という「動く」ものを力学・熱力学の立場から扱うので，動気候学的方法ともよばれる．

④ 気団の出現頻度を用いる：ある空間的な広がりを持ち，温度・水蒸気量がほぼ一定である空気の塊を気団という．これをいくつかに分け，「どの気団が，いつ，どの程度の頻度で出現するか」によって気候を表現する方法である．この方法も近代気候学的方法の1つに分類され，さらに「動く」ものを扱うので，動気候学的方法にも分類される．

⑤ 気候の特徴を反映するものを用いる：植生・土壌や河川流量など，気候の特徴を反映していると考えられるものを用いて表現する方法である．この方法は分布論的方法とよばれ，後出のケッペンの気候区分もこの方法から始まっている．しかし，気候の影響がどの程度及んでいるかを慎重に確かめる必要がある．

⑥ 気候区分によってつけられた地域名を用いる：第 5 章で述べる気候区分を用い，区分された地域の名称で表現する方法である．たとえば岡山の気候を「瀬戸内式気候」，ローマの気候を「地中海性気候」と呼ぶようなものである．むろん，それぞれの気候の特徴を伝える側も伝わる側も理解していることが前提である．

（3） 気候システム

　従来の気候の理解のしかたに対して，新しい気候に関する考え方 = 気候システムが 1970 年代の中ごろから提案されてきた．すなわち，気候要素の 30 年以上の平均値で表現されてきた気候は，30 年という期間が変わらない限り，変わらないものであった．しかも，30 年という期間は，一般の人間が社会の第一線で活躍する期間とほぼ同じ〜若干短い期間であり，多くの社会人にとっては，気候は 1〜2 回しか変わらないものであった．

　ところが，たとえば，同じ緯度の他の地点よりも気温を高くする要因としての暖流や，低くする要因である寒流など，気候に影響を与えるものが，研究者のみならず広く一般の人々にも理解してもらえるようになった．また，エル = ニーニョ現象などの，気候を変える要因も理解されるようになった．さらに，地球温暖化に代表されるように，気候は変わるものであるという認識が定着してきた．

　そこで，気候はいろいろな要素から成り立っており，それらの要素間の相互作用の一部を変化させれば，大気の状態 = 気候は変わるものだと考えられるようになり，気候システムの概念が生まれてきた．

　図 1-2 にその概念を示す．気候システムとは，大気と，これを取り巻く海洋・雪氷・陸面状態（・人間活動）の全体から構成される，地球表面の環境を決めるもの全体である．気候システムを構成する要素は，それぞれ以下のような特徴を持ち，独自の相互作用によって大気に影響を与える．

図1-2 気候システムの概念図（参考図書7による）

① **大気**：大気の状態が気候そのものである．他の要素との相互作用が変わると，最終的に約1か月かかって大気の状態が変わっていくが，相互作用でなく，大気独自で違った状態をとることもある．また，ある場所の今までとは異なった大気の状態が，他の場所へ伝播し，その場所の大気の状態を変えることもある．梅雨時にオホーツク海高気圧が停滞して動かないなどのブロッキング現象や，北極と中緯度の間で気圧が振動する（一方が平年よりも気圧が高くなれば他方が低くなる）「北極振動」などがその例である．
② **海洋**：大陸に比べて暖まりにくく冷えにくいので，夏は大陸上の大気を冷やし，冬は暖める働きをする．また，風が吹くと風の応力が及ぶことによって海流が発生し，暖流・寒流が流れることによって，大気を加熱・冷却する．特に夏あるいは低緯度における寒流による冷却や，冬あるいは高緯度における暖流による加熱により，それらの影響が強い地域では他と著しく違った気候が形成される．さらに，海底から海面に向かって流れる湧昇流は，大気を冷却する働きを持つ．
③ **雪氷**：雪や氷は融解するときに大気から熱を奪う．また，太陽の光を反射する割合（アルベド）が大きく，その結果地表で受容するエネルギーが少なくなる．いずれの場合も，大気の加熱を抑える働きを持つ．

④ **陸面状態**：地表の状態（陸面状態）のうち，まず，土壌水分量が気候システムの中で注目される．一般に土壌水分量が多いと，地面が黒っぽくなり（換言すればアルベドが低下し），太陽の光をより吸収する．すると地面からの蒸発量が多くなり，大気中の水蒸気量が増加し，これにより降水量を増やす働きも持つ．また，植生（特に森林）があると，上空からは黒っぽく見えるため，大気は加熱される．同時に，植生は蒸散によって大気中に水蒸気を放出し，湿度を上昇させ，降水量を増やす働きも持つ．地球の温暖化が指摘されている現在，光合成により二酸化炭素を吸収する役割（逆に呼吸により放出する役割もあるが）も重視されてきている．

⑤ **人間活動**：まず，二酸化炭素をはじめとする温室効果ガスを排出することにより大気組成を変える．また，森林伐採などにより陸面状態を変える．これらの行為は，以下に述べる相互作用とは言い難かった，換言すれば一方的に大気の状態を変えるものと考えられていたが，地球温暖化による海面上昇に伴い移住を余儀なくされるなど，人間活動にも大気からの影響が及ぶようになってきた．その意味では，相互に影響を及ぼしながら大気の状態を変えていくものに含めても差し支えないであろう．

　これらの相互作用によって決定された大気の平均的な状態を，改めて気候と定義する（古典的な定義と区別するため「気候状態」と呼ぶこともある）．相互作用の内容が変わり，大気と他の要素の間のバランス（平衡状態）が崩れたとき，大気の状態は以前と違ったものとなる．それが人間活動に重大な影響を及ぼす場合，時には異常気象という形で認識されるのである．

　また，気候システム内部の相互作用で気候を変える要因を内因と呼ぶ．一方，気候システムの外から作用し，その結果地表で受け取る太陽放射が変化することで気候を変える要因を外因と呼ぶ．前記の①〜④はすべて内因であり，外因には太陽活動や火山活動などが含まれる．太陽面の活動は黒点の数に反映され，これは 11 年周期で変動するものが有名である．火山噴火に伴い放出された硫酸エアロゾルが成層圏に達すると，直達日射量が減少し気温が低下する傾向が知られている．

コラム①：気候景観

　以上の表現方法は，何らかの「観測」を必要とする．しかし，場所によっては気象観測値が必ずしも得られない所もある．特に山地の気候を考える場合，山小屋などの観測データが無ければほとんど不可能である．そのような場合，その場所の気候の影響が地表・植物・人間社会に表われているもの（気候景観）を用いて気候の特徴を推定することができる．

　気候景観として研究された主要なものを表1-3に示す．たとえば，樹木が風下側になびいたような形になる偏形樹や，家屋のある方角に設けられた防風用の屋敷林，山の残雪があるものに似て現れ農作業などの目安になる雪形（北アルプスの白馬岳や南アルプスの農鳥岳のものがよく知られており，斎藤義信 (1997)『図説　雪形』（高志書院），近田信敬（2003）『信州雪形ウォッチング』（信濃毎日新聞社）などで紹介されている），雪国の商店街などで人々の通行に障害にならないように作られた雪よけの雁木などがあり，気象観測値が得

表 1-3　気候景観の研究対象（青山ほか編，2009による）

	自 然 景 観	文 化 景 観
風	植生分布（風衝地植生，しっぽ状植生），森林限界，縞枯れ 偏形樹，樹幹の偏倚・年輪 風食地形（砂丘など），風食礫（三リョウ石など）	屋敷林(カイニョ，イグネ，築地松など) 防風林，耕地防風林（防砂林，防雪林，防霧林など） しぶきよけ 雪囲い，間垣
	モンスター，樹氷，エビノシッポ，着雪の方向，雪面形など	家屋の形態・配置（煙だしの方向，蔵，母屋などの配列など）
気　温	植生分布，森林限界 生物季節（開花・発芽・紅葉・落葉現象） 周氷河地形	防霜林（ササ竹） 桑畑の分布・仕立て方 茶畑，果樹園の分布
	降霜，雪形	霜害の分布
積　雪	植生分布（雪田群落など） 養生植物の分布高度 偏形樹，針葉樹の枝の下垂，枝抜け 根曲がり 周氷河地形	雪囲 防雪林 雁木 家屋の形態（屋根の形，窓や戸の位置など）
その他	着生植物の分布（乾湿）	山間地における集落の位置，土地利用(日照)

注）破線の下の欄は気候現象としての気候景観を示す．

図 1-3 気候景観の例(青山ほか編,2009 による)
母屋の南東側を中心に屋敷林が設けられている.

られないところでは貴重である.図 1-3 は富山県砺波平野南東部の屋敷林の例である.この家には南東側に厚い屋敷林が設けられており,他にも家の南〜西寄りに屋敷林が設けられている.これは冬の卓越風,もしくはこの地域だけに吹く井波風と呼ばれる局地風の風向が南寄りであることを示している.特に後者の風速は大きく,家屋に被害が及ぶこともある.これについては,青山ほか編(2009):『日本の気候景観—風と樹　風と集落—　増補版』(古今書院)に詳しいので,そちらを参照されたい.

第1章 気候とは 11

【この章のまとめ】

1 気候は，1年を周期とする最も出現確率の高い大気の総合的状態のことを言い，通常は30年以上の観測値を平均した気候要素で表現される．

2 気候を表現するには，気候要素を使う方法，指数を用いる方法，天気図による方法，気団による方法，気候区分による方法，気候景観を用いる方法などがある．

3 気候システムとは，大気と，これを取り巻く海洋・雪氷・陸面状態・人間活動の全体から構成される，地球表面の環境を決めるものである．これらによって規定された大気の平均的な状態が気候である．気候システムを構成する要素は，それぞれ独自の相互作用によって大気に影響を与える．

【理解度チェック】

1 自分の関心のある国，住んでいる（いた）場所などの気候を，『理科年表』なども参考にして調べ，複数の方法で表現しなさい．また，身近な場所の気候景観を調べてみなさい．

2 古典的な気候の定義や表現・理解に比べ，気候システムによる気候の定義・表現・理解などにはどのような特徴があるか．また，学校教育の現場で気候システムの考え方を導入する際にはどのような留意点・問題点があるか．自分なりにまとめてみなさい．

この章のキーワード：

天気，天候，気象，気候，気候要素，静気候学，動気候学，
気団，気候システム

研究課題：気候情報

AMeDAS や，GMS（「ひまわり」：現在は MTSAT の呼称）などの静止気象衛星システムが，いつごろ開発され，どのように進歩してきたか，さらに将来の課題は何かなどを調べてまとめてみなさい．自分の希望も含めてよい．

第2章　世界の気温

この章の学習目標:

1　大気上端で単位面積あたりの太陽から受容するエネルギー（太陽放射）は，どのような時に最大になるか.

2　日照時間と前項 **1** によって，緯度の離れた地点における太陽放射の季節変化の違いはどう説明されるか.

3　地表での太陽放射の分布はどうなっているか.

4　東京付近の緯度では夏と冬に分けた場合，太陽放射と宇宙へ放出されるエネルギー（地球放射）はどちらが多いか.

5　世界の気温分布はどうなっているか．特に気温の高い所と低い所に注目してみよう.

6　大陸と海洋の気温の年変化の違いはどう説明されるか.

（1）　大気上端で太陽から受容するエネルギー

1　太陽高度とエネルギー

太陽がどのように差し込んだ時に，単位面積あたりの太陽から受容するエネルギー（太陽放射）が最大になるかを，図 2-1 で，大気の影響をまず除外して考えよう.

太陽と地球の距離を考えると，あらゆる緯度における太陽光線は平行とみなせる．またエネルギー（ここでは光エネルギーとして考える）は光源からの距離の二乗に反比例するが，地球の半径は無視できるため，各緯度において地球に到達する太陽光線の持つエネルギーの量は同じとみなしてよい．太陽光線を受容する場合，斜めから太陽が差し込んだ時は面積が b×c の四角形で，垂直に差し込んだ時は面積が a×c の四角形で受容することになる．図より a＜b であるから，太陽が垂直に差し込んだ時に，最も小さい面積で受容することになる．したがって，太陽が垂直に差し込んだ時，すなわち太陽高度が最も高い

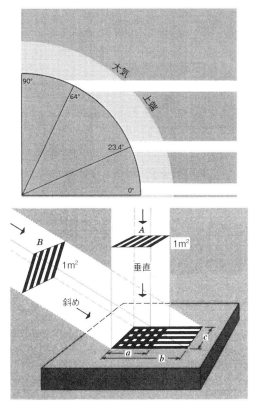

図 2-1　太陽高度の違いによる単位面積あたりの太陽放射の比較（参考図書 e による）

時に，単位面積あたりの太陽放射は最大になる．

2　日照時間

　今度は，地球からみた場合の太陽の動きと日照時間の季節変化を，図 2-2・3 で考えよう．図 2-2 は地球が太陽の回りを公転するようすを示したもので，地軸が 23.4° 傾いた状態で自転しながら，地球は太陽の回りを公転している．図 2-3 は春分・秋分および夏至・冬至における日照時間を経度 10 度ごとに示したものである（ただし，実際の日の出／日の入りは，それぞれ水平線に太陽が少しでも接する／完全に水平線の下に没することを意味するので，日照時間は実際にはこれより若干長くなる）．

　12 月 22 日（北半球の冬至）には，北緯 66.6 度（北極圏）以北では太陽が上らない極夜に，南緯 66.6 度（南極圏）以南では太陽が沈まない白夜になる

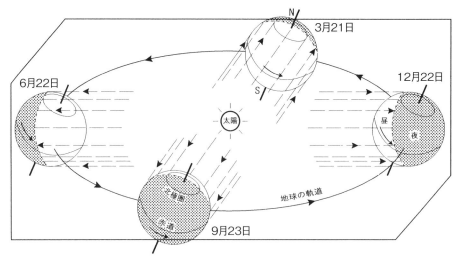

図 2-2 地球の公転軌道 (後出の参考図書 c による)

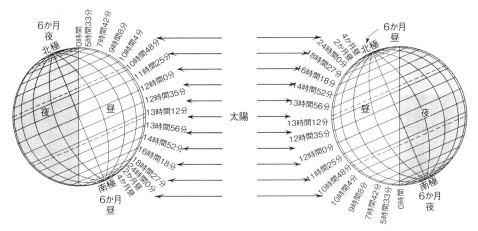

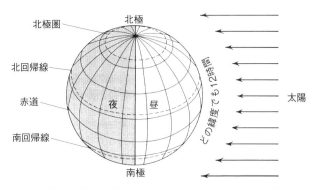

図 2-3 夏至・冬至・春分・秋分における緯度 10 度ごとの日照時間の分布 (参考図書 e による)

(実際はもう少し低緯度側でも薄明かりが続く). 南緯 23.4 度の南回帰線上では太陽が南中（真南にくること）した時は垂直に差し込み，単位面積あたりの太陽放射が最大になる. 6月22日（北半球の夏至）には，北極圏以北では白夜に，南極圏以南では極夜になる. 北緯 23.4 度の北回帰線上では太陽が南中した時は垂直に差し込み，単位面積あたりの太陽放射が最大になる. 3月21日および9月23日（春分および秋分）では，どこでも日照時間は12時間になる. 赤道上で太陽が南中した時は垂直に差し込み，単位面積あたりの太陽放射が最大になる.

したがって，北回帰線〜南回帰線間の低緯度は，太陽高度はいつも高く，年間1〜2回は太陽が垂直に差し込む. 日照時間の季節変化は小さい. ゆえに，大気上端での太陽放射は年間を通じて多く，季節変化は小さいため，年中高温

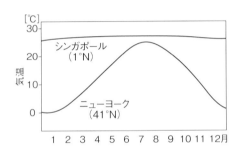

図 2-4 シンガポールとニューヨークにおける気温の年変化（参考図書 d による）

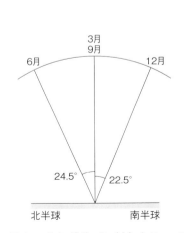
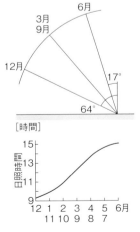

図 2-5 シンガポール（左）とニューヨーク（右）における太陽高度・日照時間の季節変化（参考図書 d による）
　各月 21 日における日照時間（シンガポールでは各月とも約 12 時間），南中時の太陽高度（3・6・9・12 月のみ）を示す.

である．回帰線より高緯度側では，太陽高度・日照時間とも季節変化が大きい．ゆえに，太陽放射の季節変化は大きく，気温の季節変化も大きい．図2-4はシンガポールとニューヨークの気温の季節変化を，図2-5は両地点の太陽高度・日照時間の季節変化を示している．年中太陽が垂直ないしそれに近いところから差し込み，日照時間の季節変化の小さい（年間を通してほぼ12時間で一定）シンガポールは年中高温であり，太陽高度・日照時間の季節変化が大きいニューヨークは気温の季節変化が大きい．

（2） 地表で受容する「正味の」エネルギー

1 地表で受容するエネルギー

大気上端での太陽放射の緯度別分布及び季節変化を図2-6に示す．これと，シンガポールとニューヨークの気温の年変化を示した図2-4を比べると，夏はシンガポールよりも太陽放射は多いものの，ニューヨークの気温はシンガポールよりも低いことがわかる．北極の方が赤道よりも受容する太陽放射は多いが，気温は明らかに低い．これは，ある月の平均気温は1年前から実際に受容した太陽放射の積算で考える必要があることにも起因するが，実際の気温は，

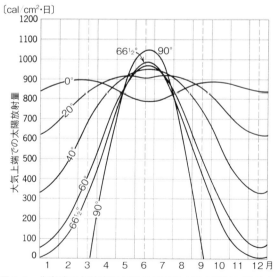

図2-6 北半球の各緯度における月別の大気上端における太陽放射量（参考図書aによる）

いわば地表で受容する太陽放射が高さ約1.5mまで伝わった状態を測定していることも考慮しなければならない．したがって，次に大気上端ではなく，大気の影響を受けたあとの地表で受容する太陽放射を考える必要がある．

図2-7は，緯度ごとに見た，大気上端や地表で受容する太陽放射などを示している．地表で受容する太陽放射は大気上端で受容するよりも少ない．これは，大気中の気体分子によるエネルギーの吸収・反射や，雲による吸収・反射に加え，地表面での反射があるためである．地表面の反射は北極や南極で大きいが，これは雪や氷が太陽放射を反射する割合（アルベド）が大きいからである（雪が降ったばかりのゲレンデに降りると，眩しくてゴーグル無しでは目があけられないのはこのためである）．また，太陽が斜めから差し込んだ場合，単位面積あたりの受容する太陽放射が小さくなるばかりでなく，大気中を通る距離が長くなるため，雲や気体分子によるエネルギーの損失が大きいことにも留意したい．

こうして得られた地表で受容する太陽放射の年間における緯度別の分布を示したものが図2-7の「地表における吸収」．北半球の冬至・夏至をそれぞれ含む12月・6月における分布を示したものが図2-8である．年間の分布を見る

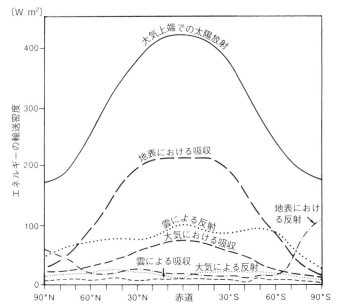

図2-7　緯度別の年平均した太陽放射量の分布（参考図書cによる）
$1\,W/m^2 = 1\,J/m^2\cdot sec = 1\,N/m\cdot sec \fallingdotseq 2.4\times 10^{-3}cal/m^2\cdot sec$ に相当する．

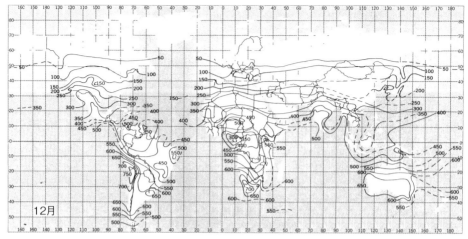
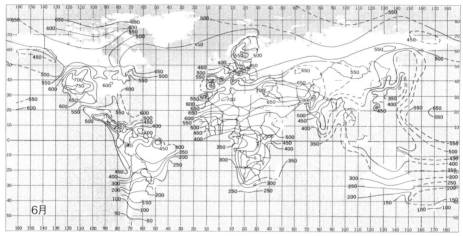

図 2-8　12月（上段）・6月（下段）における地表で受容する太陽放射量〔cal/cm²・日〕
（参考図書 e による）

と，赤道がわずかながら極小になっていることがわかる．これは，6月および12月に，それぞれ北半球と南半球の緯度30度付近に極大があることが一因である．この付近は砂漠が多く，雲量が少ない（第4章参照）ことが背景にある．また，赤道付近は後述のように気圧が低く，雲量が多いことが，地表で受容する太陽放射が極小となる一因となっている．

　このような地表で受容する太陽放射が，基本的に気温分布を決定する．しかし，太陽放射を最も多く受容してから気温が最も高くなるのに1か月ほどの「ずれ」があること，また前述のように，実際にある月の平均気温は1年前か

ら受容した太陽放射の積算で考える必要があることに留意しよう．

2 「もらう」エネルギーと「失う」エネルギー

ところが，地表を底に，大気上端を蓋に見立てた大気の「柱」を考えた場合，この大気柱（地球・大気系とよぶこともある）は上端で太陽放射を受容する一方で，同じ量のエネルギーを宇宙に放出している（そうでなければ大気柱は限りなく加熱もしくは冷却されてしまう）．図2-9は，太陽放射と地球から宇宙へ放出するエネルギー（地球放射）を緯度別に示したものである．地球全体では年間では太陽放射と地球放射は等しくなるものの，赤道では太陽放射の方が，極では地球放射の方が多い．この放射収支のアンバランスを是正するため，赤道→極へ熱が輸送され，これが後出の大気大循環が生じる原因となる．しかし，地球放射の季節変化は比較的小さいのに対し，太陽放射の季節変化は大きく，そのグラフは6（7）月には北極側に，12（1）月には南極側に移動する．したがって，太陽放射と地球放射が等しくなる（双方のグラフが交差する）位置も，7月には北極側に，1月には南極側に，それぞれ移動する．

図2-10は，1月および7月における，大気柱の上端での太陽放射と地球放射の差を示している．0の等値線は両者が等しくなる位置を示し，これよりも赤道側では受容する方が多く＋に，極側では放出する方が多く－になっている．したがって，たとえば東京（北緯36度）あたりの中緯度では，夏は太陽放射の方が，冬は地球放射の方が多いことがわかる．

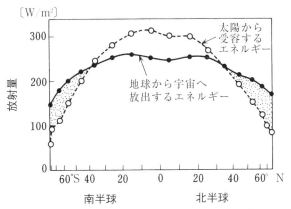

図2-9　地球・大気系における緯度別の放射収支
（Von der Haar・Suomi, 1969 による）

20

1月

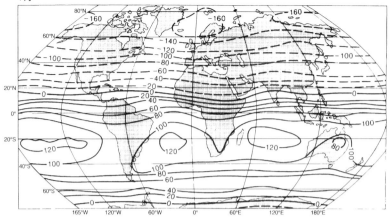

7月

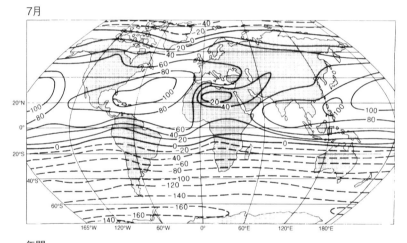

年間

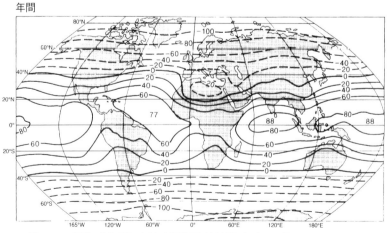

図 2-10 地球・大気系における平均正味放射収支〔W/m²〕(参考図書 c による)
上段：1月，中段：7月，下段：年間．破線はマイナスを示す．

（3） 世界の気温分布

　図 2-11 に世界の年平均気温を示す。サハラ砂漠で特に高温になり，大山脈や寒流（第 3 章参照）の流れる位置で気温が低くなる傾向があるが，それらを除けばおおむね年平均気温の同じ地域は緯線と並行し，年間の平均正味放射収支を示した図 2-10 の下段の図と整合的である。

　図 2-12 に 1 月（上段），7 月（下段）の月平均気温を示す。上段が 1 月の，下段が 7 月の，月平均気温をそれぞれ示している。なおこの図は，気温の減率（逓減率：高度が 1,000 m 上昇するごとに気温が 5〜6℃ 低下すること）を用いて海面の値に換算（これを海面更正という）した気温で，同じ気温の地点を線で結んだ等温線図で描いてある（このように値が同じ所を線で結んだ図を等値線図という）。この図から読み取れる主な特徴は，以下のようにまとめられる。

① 赤道と極の間の等温線の数は冬の方が多い。これは地表で受容する太陽放射の季節変化によって説明される。すなわち，極では，冬はほとんど太陽放射を受容できないのに対し，夏は日照時間が長い分，太陽高度が低くても，そこそこ太陽放射を受容できる。一方赤道では，年中たくさん太陽放射を受容できる。したがって，受容する太陽放射の極と赤道における差は，冬の方が大きくなる。

② 中緯度では，同じ緯度なら，夏は大陸の方が海洋よりも高温に，冬は海洋の方が大陸よりも温暖になる。これは，大陸の方が海洋よりも比熱が小さい（物体 1 g —— 1 リットル，1 モルなどでもよい——の温度を 1℃ 上げるのに必要な熱量。海洋 = 水は 1 cal/g·℃ であるが，大陸は平均して 0.3 cal/g·℃ 程度とされている）ため，同じエネルギーを受容・放出した場合，海洋よりも大陸の方が高温になる。熱量 = 比熱 × 重さ × 温度変化で表されるので，比熱と温度変化量は反比例するからである。したがって，太陽放射の方が多い夏は比熱の小さい大陸の方が気温上昇は大きくなり，地球放射の方が多い冬は（前出の式で熱量がマイナスになるため）大陸の方が温度変化量が大きい，すなわち気温低下は大きくなる。

③ 冬の気温が極小になる地点は，両半球とも高緯度の大陸内部である。南半球では南極内部のボストーク基地，北半球では北極ではなくシベリア東部のベルホヤンスク〜オイミャコンにかけてであり，これらの地点はそれぞれ南（北）半球の寒極と呼ばれる。これは，前出のように地球放射の方が

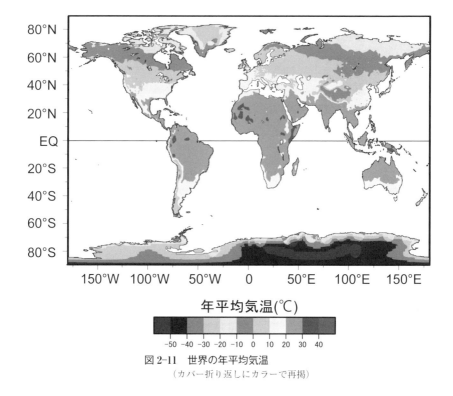

図 2-11 世界の年平均気温
（カバー折り返しにカラーで再掲）

太陽放射よりも多い冬は，海洋よりも比熱の小さい大陸の方が温度の低下量が大きいためである．したがって海洋の影響が小さい大陸内部で著しく低温になる．北半球の場合，北極は氷が浮いている海洋である（氷の比熱は水の半分であるが，大陸よりは大きい）こと，シベリアでも西部は大西洋の影響が及ぶのに対し，東部は周囲を山脈に囲まれること，さらに，北アメリカ大陸よりもユーラシア大陸の方が広く海洋の影響を受けにくいこと，これらの理由からと解釈される．

④ ある緯線上で気温が最も高くなる地点を結んだ熱赤道は，年間のものは赤道よりもわずかに北半球側に，また1月で南半球ではなく一部北半球側に位置する．赤道付近は年中太陽放射の方が地球放射よりも多いため，海洋よりも大陸の方が高温になる．大陸の面積は北半球の方が広いため，結果的に気温が最も高い緯度も北半球側にシフトすることになる．

⑤ 中緯度の場合，同緯度で比べると，夏は北半球の方が高温，冬は南半球の方が温暖である．緯度別の平均気温を示した図 2-13 で，たとえば緯度 40°

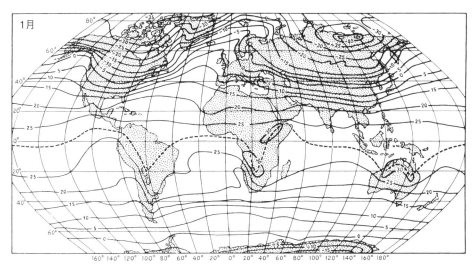

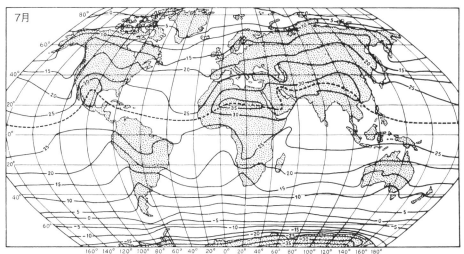

図 2-12 世界の月平均気温分布〔℃〕(参考図書 c による)
破線は熱赤道を示す.

で比べると，北半球の7月は南半球の1月よりも高温で，北半球の1月は南半球の7月よりも低温であることがわかる．これも北半球の方が大陸の面積が広いためで，太陽放射の方が多い夏は比熱の小さい大陸の方が温度上昇量は大きくなり，地球放射の方が多い冬は大陸の方が気温低下量は大きくなることによる．

⑥ 北緯40°付近では，夏は大陸東岸の方が高温に，冬は西岸の方が温暖にな

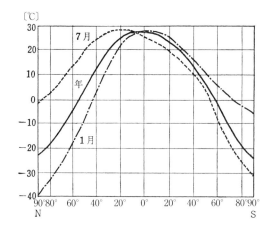

図 2-13 緯度別平均した年平均および1月・7月の気温分布 (福井編, 1966による)
最も気温が高いところが熱赤道の平均した緯度帯に相当する.

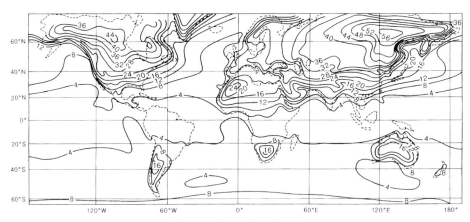

図 2-14 世界の気温の年較差 [°C] (参考図書 e による)
破線は大陸等の概形を示す.

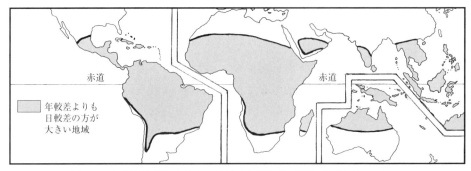

図 2-15 気温の年較差よりも日較差の方が大きい地域 (参考図書 e による)

る．北緯 60° 付近では年間を通して大陸東岸の方が低温の傾向がある．緯度
20° 付近は（特に南半球側で）大陸西岸の方が低温の傾向がある．これらは
今までの話では説明できない．なぜなら，風や海流による「熱の輸送」が
大きいためで，これは第 3 章で改めて説明する．

⑦ 最高月平均気温から最低月平均気温を引いたものを気温の年較差と呼ぶ．
年較差が大きいことは，夏と冬の気温の差が大きいことを意味する．この
分布を示した図 2-14 によると，まず，高緯度の方が低緯度よりも年較差は
大きいことがわかる．これは太陽放射の季節変化で説明される．図 2-15 で
示すように，北回帰線～南回帰線間の多くの地域では，年較差よりも日較
差（1 日の最高気温と最低気温の差）の方が大きくなる．また，中緯度では
緯度が同じならば大陸の方が海洋よりも年較差は大きい．これは比熱の違
い（すなわち，大陸の方が夏は暖まりやすく冬は冷えやすいこと）で説明
される．年較差が最大の地点は，南半球では南極の内部，北半球ではシベ
リア東部の寒極に相当する．さらに，大陸東岸の方が西岸よりも年較差が
大きいこともわかる．

【この章のまとめ】

1 垂直に太陽が差し込んだときが，単位面積あたりの太陽放射は最大になる．

2 低緯度では，年中太陽が垂直（に近いところ）から差し込む．高緯度では，太陽は夏は垂直に近いところから差し込み，日照時間も長いが，冬は水平に近いところから差し込み，日照時間は短い．

3 地表での太陽放射は，それぞれの半球の夏に，回帰線から緯度40°付近で最大になる．

4 中緯度では，夏は太陽放射の方が多く，冬は地球放射の方が多い．

5 地表での太陽放射により，基本的に世界の気温分布が得られる．

6 太陽放射の方が多い夏は大陸が高温に，地球放射の方が多い冬は海洋が温暖になる．これは両者の比熱の違いで説明される．

7 両半球で年較差が最大の地点は，それぞれ南極・シベリア東部であり，南（北）半球の寒極と呼ばれる地点に相当する．

【理解度チェック】：気温の緯度平均からの偏差

　図2-16は，1月と7月の気温（海面更正したもの）の緯度平均からのずれ（偏差という）を示し，実線で囲まれた所は気温が平均よりも高いことを，破線で囲まれた所は低いことを意味する．この図を見て，北緯40〜70度における大陸内部と海洋上の偏差の違いについて述べ，その理由を考察しなさい．第3章の海流の項を参照してもよい．

　この章のキーワード：

　　　単位面積あたりの太陽放射，太陽高度，日照時間，

　　大気上端で受容する太陽放射，地表で受容する太陽放射，

　　地球放射，海面更正，熱赤道，比熱，寒極，年較差

研究課題：日較差と年較差

　月平均気温の最高値と最低値の差が年較差であるのに対し，1日の最高気温と最低気温の差が日較差である．

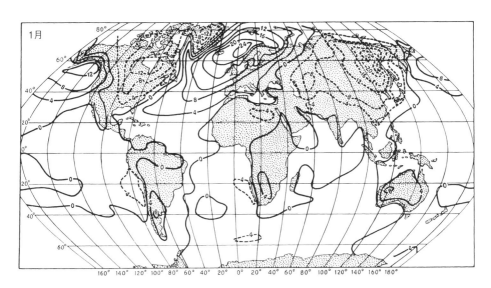

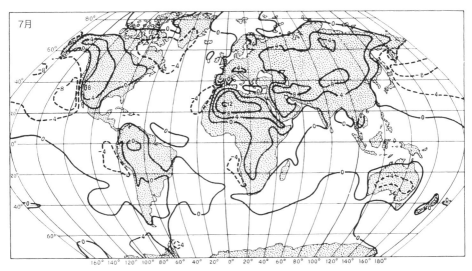

図 2-16　世界の気温の偏差（緯度平均からのずれ）〔℃〕（参考図書 c による）

1　図 2-17 は，北アメリカ大陸内部のエルパソと，西海岸にあり海洋の影響を強く受けるノースヘッドにおける，1 月と 7 月の時間別気温の月平均値を示したものである．両地点の気温の年較差と日較差を比較し，その理由を考えなさい．「夜間は太陽放射が 0 である」ことがヒントである．

2　図 2-18 は，キト（赤道直下にあるエクアドルの首都，標高約 2,850 m）

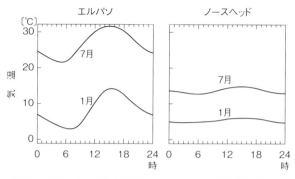

図 2-17 エルパソ(テキサス州),ノースヘッド(ワシントン州)における 1 月と 7 月の月平均時別気温
(参考図書 e による)

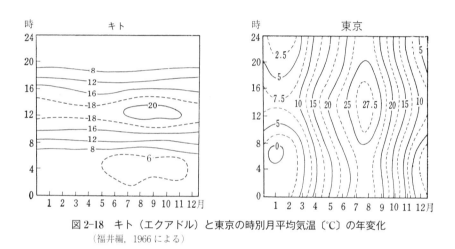

図 2-18 キト(エクアドル)と東京の時別月平均気温〔℃〕の年変化
(福井編, 1966 による)

と東京の気温を月別・時間別に示したものである.月平均気温は午前 9 時の気温と近似して考えると,おおよその月平均気温の年変化を読みとることができる.また,1 日の最高気温は 14〜15 時に,最低気温は日の出の直前に出現する.このことから,気温の年較差・日較差が推定できる.低緯度と中緯度の年較差・日較差の特徴を述べ,その理由を考えなさい.

第3章　世界の気圧・風

　この章の学習目標：
1　風はなぜ，どのように吹くのか．
2　大気の大循環はどうなっているのか．
3　季節風とは何か．
4　世界の地上風・気圧の分布はどうなっているか．
5　海流はどのように流れるのか．
6　大陸の東岸と西岸の気温の違いはどうなっているか．また，それはなぜか．「風や海流による熱輸送」という観点から考えてみよう．

（1）　風の吹き方

1　風の吹き方

　そもそも風はなぜ，どのように吹くのだろうか．そのまえに，圧力 ＝ 重さ（質量 × 重力加速度）÷ 面積，密度 ＝ 質量 ÷ 体積 の式を確認しておこう．

　いま，図3-1のように，十分な広さの底面積を持ち，高さが数百 m 以上の2本の筒を，十分距離を置いて並べる．そして上端と下端をビニールコードで結び，空気が混ざらないようにコックを閉めておく．そして（どちらか一方で構わないのだが）右側の筒を加熱し，左側の筒を冷却して，空気がどう動くかを考えよう．

　すると，破線で示したように，右側の筒は膨張し，これにともない筒の中では上昇気流が生じる．また底面積・体積とも増加するので，圧力・密度とも減少する（前述の式で分母が大きくなるため）．逆に左側の筒は収縮し，この中では下降気流が生じる．また底面積・体積とも減少するので，圧力・密度とも増加する（前述の式で分母が小さくなるため）．

　ここで上端のコックを開く．上端でのビニールコードの位置は，膨張した右

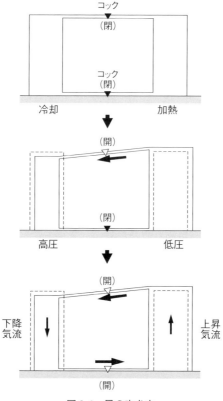

図 3-1　風の吹き方

側の筒の方が収縮した左側の筒よりも高くなっている．空気は高い方から低い方へ流れるので，上端では右側から左側へ空気は流れる．また，左側の筒の下降気流はより明瞭になる．

　次いで下端のコックを開く．すると，空気は高密度側から低密度側に流れる（満員電車にガラガラの車両を連結し，車内を通れるようにすれば乗客はガラガラの車両へ殺到するのと同じ理屈である！）ので，下端では左側の筒から右側の筒へ空気は流れる（下端ではビニールコードの高さの違いはほとんど無視してよい）．これが地上風に相当する．また，右側の筒に流れ込んだ空気は上昇し（上方しか「逃げ道」がないため），やがて上端から左側の筒へ流れ込む．こうして空気の熱的循環が完成される．

　すなわち，風は，
　　① 冷却した方から加熱した方へ

②気圧・密度の高い方から低い方へ
　③下降気流のある方から上昇気流のある方へ
吹くのである．

2　転向力

　ところが，この風には転向力（発見者の名前を取ってコリオリの力とも呼ばれる）が加わる．この力 f は，$f = 2\Omega u \sin\theta$（Ω：角速度（後出），u：水平速度，θ：緯度）で示される．この力のため，風は北半球では進行方向右向きに，南半球では左向きに曲げられる．

　転向力は以下のように説明される．いま，図3-2で示すように，反時計回りに回転する半径数百 km の円盤の中央に，抜群のコントロールを持ち，プライドが極めて高い野球のピッチャー（別にサッカー選手でもかまわない．その場合，「投げる」→「蹴る」など適宜読み換えてほしい）がいたとする．彼は円盤の円周の的に球を命中させるほどコントロールがよく，その秘訣は「いつも的を正視していること」にある．しかし円盤が回転していることを知らない．このような状況の下で，彼は球を投げる．ところが，（回転している円盤とと

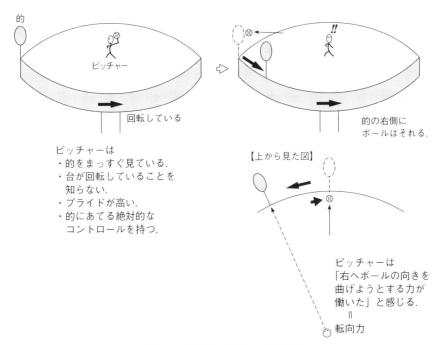

図3-2　北半球での転向力の働き方

もに的も動いているから）球は的の右側に大きくそれてしまう．プライドの高い彼は，自分のミスを認めず（本当は自分が乗っている円盤が回転していることを計算せずに投げたのがいけないのだが），「何か右側へ球筋を曲げる力が働いた」と感じるであろう．

　実は，この投手と同じ状況にわれわれはいる．すなわち，投手の位置が北極に，円盤の円周を赤道に，円盤全体が北半球に相当する．的と投手の位置を変えても同じように感じられる（自分で図を作って考えてみよう）．また，円盤の回転方向を逆にすれば，円盤全体が南半球に相当する．この場合，同様の説明によって「何か左側へ球筋を曲げる力が働いた」と感じられる．

　したがって，風は，北半球では「高気圧から時計回りに吹き出して低気圧に反時計回りに吹き込む」ように吹く．南半球では「高気圧から反時計回りに吹き出して低気圧に時計回りに吹き込む」ように吹く．これは，冬型気圧配置が強まったときや熱帯低気圧（台風）が襲来したときの天気予報で，風の向きの解説を聴いていれば理解できるであろう．

（2）　大気の大循環

1　ジェット気流

　一方，地球が自転していること，および赤道と極の間に温度差があることによってジェット気流が生じる．ジェット気流には，風速は強いものの位置がはっきり定まらない寒帯前線ジェットと，風速は弱いが位置が安定している亜熱帯ジェットがある（後出の図3-4では後者の位置が描かれている）．

　図3-3に，1月と7月における北半球のジェット気流の平均位置と平均風速を示す．冬（1月）の方がジェット気流の風速は大きく，平均的な位置も高緯度側になっている．また両図に共通して，北東太平洋と北東大西洋で位置を示す矢印が切れている．これは，北東太平洋ではヒマラヤ山脈・チベット高原が，北東大西洋ではロッキー山脈がいわば「障害物」になるためその位置が乱される（補遺1参照）こと，すなわち両山脈を迂回する形で赤道側（低緯度側）から極側（高緯度側）にジェット気流が流れ，気圧が低くなっており，気圧が低くなる位置の変動が大きいことを意味する．南半球でもジェット気流が見られるが，アンデス山脈は東西幅が狭いため明瞭な「障害物」にならず，したがってアリューシャン列島〜アラスカ付近やアイスランド付近のような低気

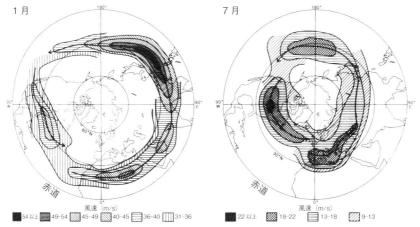

図 3-3 北半球におけるジェット気流の平均的な位置および風速 (参考図書 c による)

圧は見られない．

2 大気の大循環

以上をもとに，地球上の大気の大循環が説明される．図 3-4 の左側は，春分・秋分時における（あるいは年間平均した）東西風の分布（東西循環）を示し，E は東風，W は西風（その中でいちばん風速が強いのがジェット気流の位置に相当する）を意味する．緯度 30 度よりやや高緯度側にはジェット気流が流れており，この両側の大気は混ざりにくくなっている．

したがって，ジェット気流の高緯度側と低緯度側で，熱的循環による風の発生が見られる．図 3-4 の右側は，鉛直方向の断面を南北方向に見たもの（子午面循環）である．低緯度側では，赤道付近では太陽放射が多く，大気が加熱され，上昇気流が生じる．ここには赤道低圧帯が形成され，ここに向かって貿易風（熱帯偏東風）が吹き込む．上昇した空気は，上空の「ふた（圏界面）」にぶつかり，高緯度側へ移動した後，緯度 30 度付近で下降する．ここには亜熱帯高圧帯が形成され，赤道側へ貿易風が吹き出す．高緯度側では，極付近で大気が冷却され，極高圧帯（極高圧部）が形成されている．ここから赤道側に向かって極東風（極偏東風）が吹き出す．緯度 60 度付近では相対的に空気が加熱され，上昇気流が生じ，亜寒帯低圧帯が形成されている．また，亜熱帯高圧帯から亜寒帯低圧帯に向かって偏西風が吹いている．これは，「高温側から低温側へ吹く」いわば例外的な風であるが，風は下降気流のある方から上昇気流のある方へ，あるいは高圧側から低圧側へ吹くことから考えると，決して不合

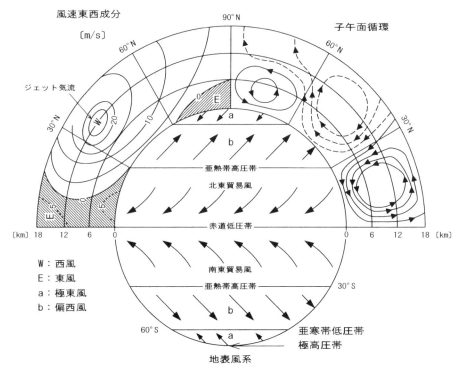

図3-4 地球上の大気の流れの総合図 (片山, 1974による)

理な吹き方ではない.

　図3-4の中央の円形の中が,以上述べてきた地上風系の模式図である.赤道付近に赤道低圧帯,緯度30度付近に亜熱帯高圧帯,緯度60度付近に亜寒帯低圧帯,極付近に極高圧帯がそれぞれ形成されている.高圧帯から低圧帯へ風が吹いており,亜熱帯高圧帯から赤道低圧帯へは,北半球では北,南半球では南の風になる.ところが,転向力が風を北半球では進行方向右向きに,南半球では左向きに曲げるようにそれぞれ働くため,この風は東寄りの風になる.よって,北半球では北東貿易風,南半球では南東貿易風となる.赤道低圧帯の中で,双方の貿易風が収束する位置には熱帯収束帯(ITCZ)が形成され,ほぼ前述の熱赤道の位置に対応する.北半球の亜寒帯低圧帯では,亜熱帯高圧帯からの南風,極高圧帯からの北風が収束するが,転向力を受けるため,これらの風はそれぞれ偏西風・極東風とよばれる.西寄り・東寄りの風となる南半球の亜寒帯低圧帯に吹き込む風についても,転向力の向きが北半球と逆であることを注意すれば,同様に説明される(各自考えてみよう).双方の風が収束する

第3章　世界の気圧・風　　35

表 3-1　気圧帯の平均位置と示度 (福井編，1962 による)

	北半球の夏 (7 月)		北半球の冬 (1 月)		年　平　均	
亜寒帯低圧帯	65°N	1010 hPa	57°N	1012 hPa	62°N	1012 hPa
亜熱帯高圧帯	39°N	1014	34°N	1020	37°N	1017
赤道低圧帯	10°N	1011	3°S	1010	3°N	1011
亜熱帯高圧帯	31°S	1020	35°S	1016	35°S	1018
亜寒帯低圧帯	65°S	986	65°S	987	65°S	986

位置には極前線帯が形成されている．また，上空のジェット気流が波をうって流れる（蛇行する）のに対応して，地上の偏西風帯でも高緯度側の空気と低緯度側の空気が混ざり合い，しばしば温暖前線・寒冷前線を伴った温帯低気圧が発生する．これらの発生頻度が高いところは寒帯前線となっている．

　ところが，太陽放射が最も多くなる位置は，6 月は北半球側に，12 月は南半球側にずれる．そのため，気温が最も高くなる位置は，7 月は北上，1 月は南下する（図 2-13 参照）．これにより，赤道低圧帯の位置も，7 月は北半球側に，1 月は南半球側にずれる．これに伴い，以上すべての高圧帯・低圧帯や地上風系も，表 3-1 に示されるように，7 月は全体が北極側に，1 月は南極側にずれる．

（3）　世界の気圧・風の分布

1　季節風

　さらに，現実の地球には，大陸と海洋が存在する．このことによって発生するのが（狭義の）季節風（モンスーン）である．季節風は，広義には，原因に関係なく，高日季・低日季ごとに向きがほぼ正反対になる風であり，前述のように，太陽の回帰によって，貿易風・偏西風・極東風などが 7 月には北上，1 月には南下するため，たとえば夏は偏西風の，冬は極東風の影響をそれぞれ受ける地域がありうる（図 5-2 参照）．この地域も，季節風の影響を受けていることになるのである．

　前章で述べたように，中緯度では，夏は太陽放射の方が多く，冬は地球放射の方が多い．したがって，図 3-5 に示すように，比熱の小さい大陸では，海洋に比べ，夏は高温に，冬は低温になる．そのため，海洋よりも，夏は低圧に，冬は高圧になる．ゆえに，夏は大陸に向かって風が吹き込み，冬は大陸から風

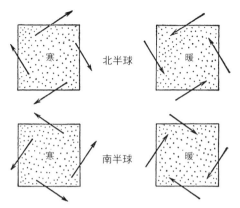

図 3-5 模型的な大陸上における典型的な季節風
のモデル（福井, 1961 による）
左：冬季　　右：夏季

が吹き出す．これが狭義の季節風である．ここで前述の転向力が働くので，北半球では夏は大陸に向かって反時計回りに風が吹き込み，冬は大陸から時計回りに風が吹き出す．南半球では夏は大陸に向かって反時計回りに風が吹き込み，冬は大陸から時計回りに風が吹き出す．このような季節風は大陸の東岸～低緯度側で明瞭だが，高緯度側ではあまり見られず，大陸西岸では不明瞭である．これは，後述のアイスランド付近の低気圧のように，亜寒帯の大陸西岸の沖合に低気圧が発達し，これに吹き込む風により冬でも海洋から吹く風が卓越することが多いからである．

2　世界の気圧・風の分布

以上から，世界の地上風系と月平均地上気圧（海面更正したもの）の分布を示したものが図3-6であり，これがいわば夏（北半球は7月，南半球は1月）と冬（上記の逆）の「平均的な天気図」である．この図から読み取れる特徴をまとめると，以下のようになる．

① 60°S 付近に明瞭な亜寒帯低圧帯が年間を通して存在する．地上気圧は月平均でも 1,000 hPa に満たない．南極からの冷たい極東風と，亜熱帯高圧帯からの暖かい偏西風が収束する場所には極前線帯（南極前線帯）が形成されている．また，偏西風帯には寒帯前線が数か所に見られる．

② 南半球の太平洋・大西洋・インド洋上には亜熱帯高圧帯があり，若干であるが，1月(夏)は極側に，7月(冬)は赤道側に移動する．極側には偏西風が，赤道側には貿易風がそれぞれ吹き出す．太平洋の亜熱帯高圧帯の間は，

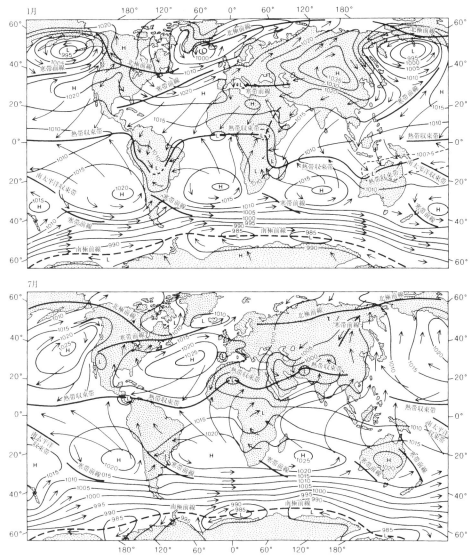

図 3-6 世界の地上平均海面気圧および地表風の分布(参考図書 c による)
　　　　H：高気圧　　　L：低気圧　　　気圧の単位：hPa

　　南太平洋収束帯（SPCZ）と呼ばれる風の収束域がある．
③ アリューシャン列島付近・アイスランド付近の亜寒帯低圧帯の中には低気
　圧が見られ，7月(夏)には北上・衰退し（前者は不明瞭になる），1月(冬)
　には南下・発達する．前述の高圧帯・低圧帯の北上・南下に加え，海洋は

同緯度の大陸に比べ夏は冷涼のため高圧に，冬は温暖なため低圧になりやすいためである．双方の低気圧を結ぶような形で北極前線が形成されている。これに対して，大陸の面積の小さい南半球では，亜熱帯高圧帯の強さは年間を通してさほど変化しない．亜寒帯低圧帯へ吹き込む偏西風は冬に特に顕著である．また，偏西風帯には寒帯前線が数か所に見られる．

④ 北半球の太平洋・大西洋上の亜熱帯高圧帯は，7月には北上・発達し，1月には南下・衰退する．赤道側には貿易風が，極側には偏西風がそれぞれ吹き出す．

⑤ 赤道付近の気圧の低いところを結んだものが赤道低圧帯である．この中に，南北両半球からの風（必ずしも貿易風とは限らない）によって熱帯収束帯が形成されている．赤道低圧帯の位置は7月に北上し，1月には南下する．

⑥ 北半球では，夏はインド西部に低気圧が発生し，ここへ向かって反時計回りに風が海洋から吹き込む．冬はシベリア高気圧が発生し，ここから時計回りに風が海洋へ向かって吹き出す．このため，日本～インドの地域やギニア湾岸などには，季節によって向きの異なる季節風が見られる（前者の地域はモンスーンアジアと呼ばれる）．ユーラシア大陸より面積の小さい北アメリカ大陸では，大陸上の高気圧・低気圧の発生は不明瞭である．

⑦ 南半球のオーストラリア・アフリカ・南アメリカの各大陸には，夏は低気圧が，冬は高気圧が発生している．夏は大陸へ向かって時計回りに風が海洋から吹き込み，冬は大陸から反時計回りに風が海洋へ向かって吹き出す．

（4） 世界の海流

海流の成因のほとんどは，風が吹くと海面に風の応力が及ぶことによって説明できる（このような流れを吹走流という）．そのため，海流の向きは基本的に風の向きと同じになる．図3-7に世界の海流を示す．大気の大循環を示した図3-4と比べると，亜熱帯高圧帯から赤道側に吹く貿易風に対応して赤道に向かう寒流が流れ，カリフォルニア・カナリア・ペルー（フンボルト）・ベンゲラの各海流がこれに相当する．亜熱帯高圧帯から極側に吹き出す偏西風に対応して極に向かう暖流が流れ，北太平洋（日本）海流・メキシコ湾流～北大西洋海流がこれに相当する．中緯度の上空はジェット気流が吹き，これに対応するのは南極を一周する西風皮流（南極環流）である．また，60°N付近のアリュ

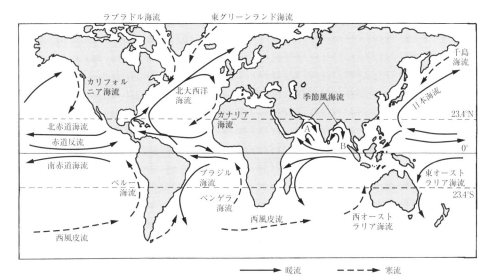

図 3-7　世界の主な海流（参考図書 b による）
AB は季節により流れが変わる海流（季節風海流）である．

ーシャン列島付近・アイスランド付近には低気圧が存在し，ここへ向かって反時計回りに極東風が吹き込む．これに対応するのが千島・ラブラドル・東グリーンランドの各海流である．

（5）　東岸気候と西岸気候

　今まで説明してきた風や海流によって，大気の加熱や冷却が生じる．すなわち，赤道側から極側へ吹く（流れる）偏西風や北太平洋海流・北大西洋海流は，低緯度の暖かい空気を輸送し，結果として吹いた（流れた）先の大気を加熱する．特に，北大西洋海流が沖合を流れるヨーロッパで冬の気温がさほど低下しないのはこのためである．高緯度側から低緯度側へ吹く貿易風やペルー・ベンゲラ・カリフォルニア・カナリアの各海流，および，極東風や千島・ラブラドルの各海流は，高緯度側の冷たい空気を輸送し，結果として吹いた（流れた）先の大気を冷却する．冬の季節風は極側からの，しかも冷えやすい大陸からの風であり，大陸東岸を冷却する．

　このことを緯度ごとに検討しよう．まず，40°N 付近の中緯度では，図 3-8 に示すように，年平均気温は大陸内部のオクラホマシティ，東岸のノーフォー

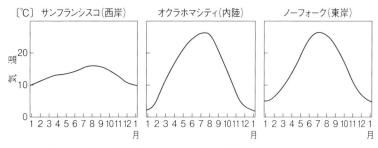

図 3-8　北米大陸西岸・東岸・内陸部の気温 (参考図書 e による)

ク，西岸のサンフランシスコともほぼ同じである．しかし，サンフランシスコは夏は他の地点よりも冷涼，冬は温暖である．これは以下のように説明される．夏はサンフランシスコでは亜熱帯高圧帯からの風が，暖まりにくい海洋からの北寄りの風になって吹きつける．しかも，この風は寒流のカリフォルニア海流によってさらに冷却されている．逆に，冬は亜熱帯高圧帯が南下するため，サンフランシスコではアリューシャン列島付近の亜寒帯低圧帯に吹き込む南寄りの偏西風が，冷えにくい海洋から吹きつける．それゆえ，大陸西岸では年中海洋の影響を受ける海洋性気候になり，夏冷涼・冬温暖の特徴を持つのである．一方，大陸東岸のノーフォークは，夏は亜熱帯高圧帯から吹き出す南寄りの風の影響を受ける．冬は冷えやすい大陸からの，しかも北寄りの風が吹く．そのため同緯度の大陸内部と気温の年変化はあまり変わらず，夏高温・冬低温の大陸性気候の特徴が見られる．

また 60°N 付近では，年中東岸の方が低温である．これは，夏は極高圧帯から大陸内部に発生する低気圧に向かう北寄りの風が，冬は大陸内部に発生する高気圧から吹き出す北寄りの風が，それぞれ吹くためである．西岸では，夏はほぼ西からの，冬は南寄りの風がそれぞれ吹くため，東岸よりも高温になる．

逆に，特に 20°S 付近では，亜熱帯高圧帯から吹き出した極側からの風が，ペルー・ベンゲラなどの海流によって冷やされているため，西岸の方が東岸よりも年中低温である．

コラム②：回転水槽の実験

　ジェット気流の存在を実験によって検討してみよう．いま，図3-9に示すように，内側を冷やし外側を温めた水槽を，反時計回りに回転させる．内側と外側の温度差や回転速度を変えると，表面には（見やすいようにしばしばアルミニウムの粉末を撒いておく）図3-10に示すようにいろいろな形の「波」が現れる．回転速度が遅い（あるいは内側と外側の温度差が小さい）時は左端のタイプの波が出現する．しだいに回転速度を速く（あるいは温度差を大きく）すると中央のタイプの波が，さらに速く（大きく）すると右端のタイプの波が出現する．また，左側のタイプの波は低緯度の場合に，右側のタイプの波は高緯度の場合にそれぞれ対応する．すなわち，実験では緯度を変えることができないため，前述の転向力の式で，$\sin\theta$ の値を小さくする代わりに，Ω を小さくすることで低緯度の場合を表現しようとしている．同様に，Ω を大きくすることで高緯度の場合を表現しようとしているのである．

　ジェット気流は細かく見ると2～3つに枝分かれしているが，極・赤道間の温度差が小さい夏は左側の，大きい冬は右側のタイプの波の特徴を帯びる．双方を平均したものが中央のタイプの波と解釈すればよい．

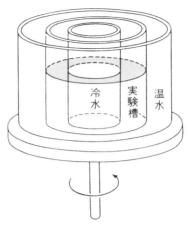

図 3-9 回転水槽による実験

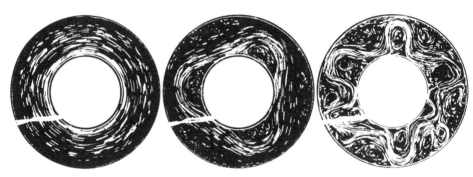

(a) 定常軸対称流　　　　　(b) 定常波動　　　　　　(c) 不規則波動
　(Ω=0.341ラジアン/秒)　　(Ω=1.19ラジアン/秒)　　(Ω=5.02ラジアン/秒)

図 3-10　回転している水に水平温度差をつけた際水面に生じる流れの形
　　　　Ωは回転の角速度（1秒間に回った角度）を表す．(Hide, 1969 による)

第3章 世界の気圧・風 43

【この章のまとめ】

1 風は，① 冷却した方から加熱した方へ，② 気圧の高い方から低い方へ，③ 下降気流のある方から上昇気流のある方へ吹く．

2 転向力によって，風は，北半球では高気圧から時計回りに吹き出して，低気圧に反時計回りに吹き込むように吹く．南半球では高気圧から反時計回りに吹き出して，低気圧に時計回りに吹き込むように吹く．

3 地球の自転と赤道・極間の気温差によって生じるのがジェット気流である．

4 海陸分布を無視した場合，赤道側から，赤道低圧帯・亜熱帯高圧帯・亜寒帯低圧帯・極高圧帯が順に帯状に並び，それぞれの間を，高圧部から低圧部に向かって，貿易風・偏西風・極東風が吹く．

5 大陸と海洋の比熱の差により，夏は海洋から大陸へ，冬は大陸から海洋へ，向きの異なる季節風が吹く．

6 以上より世界の気圧・風の分布図が得られる．

7 海流の流れ方は基本的に風の吹き方と同じである．

8 海流による熱の輸送，大気の冷却や風の吹き方によって，大陸の東岸と西岸の気温の違いが説明される．

【理解度チェック】

図3-11は，海洋上の平均した風の東西成分を緯度ごとに示したもので，西風を ＋，東風を － で表している．この図を見て，次の問に答えなさい．

1 緯度30度付近は，北半球・南半球とも，1月と7月で風向が異なる．どのように異なるか，またそれはなぜか，説明しなさい．

2 10°N付近では，1月は平均すると東風が強い．7月は東風と西風がほぼ同じ風速で吹くため，この図ではほぼ風速0になっている．これはなぜか，説明しなさい．

3 年間を通して，緯度20度付近では東風が，緯度40度より高緯度では西風が卓越する．この理由を，下の語句を使って説明しなさい．

　　　　高　圧　　　　低　圧　　　　転向力

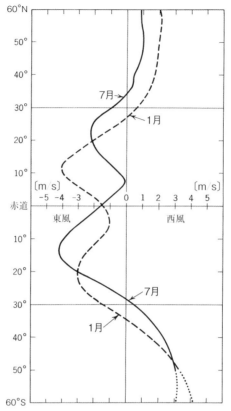

図 3-11 海洋上の平均した風の東西成分の緯度別分布
(参考図書 e による)

この章のキーワード：

熱的循環，転向力，ジェット気流，大気の大循環，赤道低圧帯，
亜熱帯高圧帯，極高圧帯，亜寒帯低圧帯，貿易風，熱帯収束帯，
偏西風，極東風，極前線帯，寒帯前線，季節風，
南太平洋収束帯，海流，海洋性気候，大陸性気候

研究課題：季節風

　原因に関係なく，高日季・低日季ごとに向きがほぼ正反対になる風が広義の季節風である．図3-12は世界の季節風の出現頻度を示したもので，1月と7月の卓越風向のなす角度（季節風角）が120°～180°の地域を「季節風の吹く地域」とした．また，1月と7月の卓越風の出現頻度の平均を季節風の出現頻度とした．この図を見ると，モンスーンアジアの他に，5～10°N付近，30°Nと30°Sの付近，70°N付近に季節風の出現頻度が高い地域があることがわかる．これらの地域が「季節風の出現頻度の高い地域」となる理由を考えなさい．「高圧帯・低圧帯の北上・南下」に伴い，貿易風・偏西風などの地上風系も北上・南下することがヒント．ここでわからないのであれば，第5章でフローン＝クプファーの気候区分を学習した後にもう一度考えてみよう．

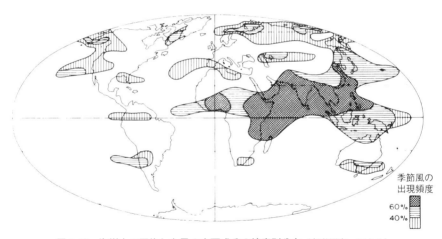

図3-12　海洋上の平均した風の東西成分の緯度別分布（参考図書 c による）

第4章　世界の降水量

この章の学習目標：
1. どうすれば雨を降らせることができるか．
2. 世界の「雨の素」＝水蒸気の分布はどうなっているか．
3. 「湿った大気を冷却する」にはどうすればよいか．
4. 世界の多雨地域はどのようなところか．またなぜ多雨になるのか．
5. 世界の少雨地域はどのようなところか．またなぜ少雨になるのか．

（1）雨の降り方

1　雨の降り方

どうすれば雨を降らせることができるのか．これを図4-1によって考えてみよう．この図は縦軸に水蒸気量，横軸に気温を取っている．図中の曲線は飽和水蒸気量（空気が含み得る最大の水蒸気量，いわば水蒸気の「定員」）を示

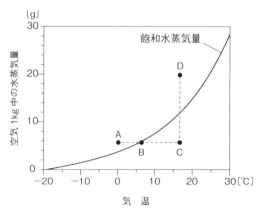

図4-1　飽和水蒸気量と気温の関係（参考図書eによる）

す.

いま，Cに示した空気（気温17℃，1kg中に含まれる水蒸気量は6g）を考える．気温17℃の空気の飽和水蒸気量は12gであるから，この時の相対湿度は50％（6÷12×100）となる．これが天気予報などで通常用いられる「湿度」である．これに新たに水蒸気を加え，Dの状態になったとする．すると，グラフの曲線より上の部分は，いわば「定員オーバーで存在できない水蒸気」であるから，液体あるいは固体になって落下してくる．

また，Cの状態の空気をA（気温0℃）まで冷却していくとする．図中の曲線とぶつかったB（気温6℃）で，相対湿度は100％となる．Aの状態では，曲線より上の部分は，やはり「定員オーバーで存在できない水蒸気」であるから，液体あるいは固体になって落下してくる．

したがって，降水は「高温の湿った空気を冷やすか，新たに水蒸気を加えれば生じ得る」現象である．ただし，実際に降水があるかどうかは，凝結核の存在などの別の問題があり，これらは気象学の教科書を参照されたい．

2　水蒸気の分布

では，水蒸気＝「雨の素」はどこに多く存在するのだろうか．

図4-2の下段は地球上の水の存在割合を，上段は大気中の水の循環をそれぞれ示す．地球上の水は約14億km³と推定され，そのうち97％は海水であり，淡水は3％しかないことがわかる．淡水のうちでも，氷河が75％，地下水が浅いところと深いところのものをあわせると（11＋14＝）25％であり，大気中には0.0035％しかない．また上段では，世界の年間平均降水量（この図では857mmと推定している．多くの研究者の推定値は700～1,000mmの間である）を100とした場合の％の値で水の循環を示している．大気中の水蒸気は84％が海上からの蒸発によって，16％が陸上からの蒸発と蒸散（植物の葉の裏側に多くみられる気孔から空気中に水蒸気が放出される現象）によって，それぞれ供給される．ただし，陸上からの蒸発・蒸散は，おもに熱帯で起きている．また，海上への降水量は77％であり，陸地からの水の流入の7％をあわせたものが，蒸発量の84％に等しくなる．海上上空の大気は，蒸発によりもたらされた84％が，降水の77％となって落下し，残った7％は陸上上空へ流れる．同様のことが陸上，陸上上空の大気についても成り立つ．

緯度別の水蒸気量の分布を示した図4-3と前出の図2-13から，温度と水蒸気量の緯度分布は酷似しており，高温大気ほどたくさんの水蒸気を含むことが

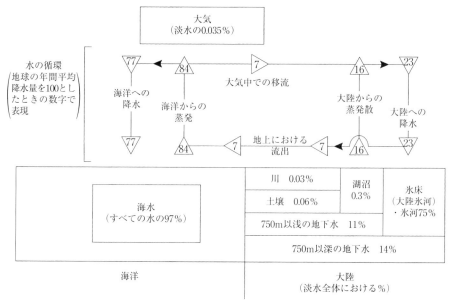

図 4-2 水の循環と地球上の水の分布 (参考図書 c (ただし第 7 版) による)

わかる．また，例外はあるものの，一般に同じ地点では気温の高い夏ほど多くの水蒸気を含むことがわかる．

　図 4-4 は 1 月と 7 月の可降水量 (水蒸気をすべて凝結させた時の水の量) で示した水蒸気量を示す．夏よりも冬の方が少なく，特に中・高緯度の冬の大陸内部で少ない傾向にある．また低緯度の方が高緯度よりも多く，特に夏のモンスーンアジアで多いこともわかる．

3　大気の冷却法

　前述のように，高温多湿の空気を冷却すれば降水の可能性がある．一般に高緯度ほど (極側に行くほど)，もしくは標高の高いところほど気温が低いことから，それには大きく分けて以下の 3 つの方法があることがわかる．

① 高緯度側へ吹く風に乗せる：たとえば亜熱帯高圧帯から亜寒帯低圧帯に向かって吹く偏西風や夏の季節風は，まさに高緯度側に吹く風である．したがって，この風に乗った空気は，高緯度側に進むにつれ徐々に冷やされ，そのうちに「水蒸気として存在できない部分」が液体・固体となって降下してくる．それゆえ，偏西風帯は降水を生じさせる地帯であり，特に海上を偏西風が吹く場合にこの特徴が強く現れる．

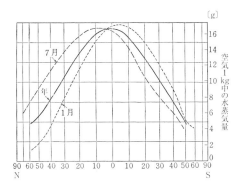

図 4-3　1月・7月・年平均の水蒸気量の緯度分布（福井，1961 による）
横軸は各緯度圏の間隔が緯度圏の長さに比例するように取ってある．

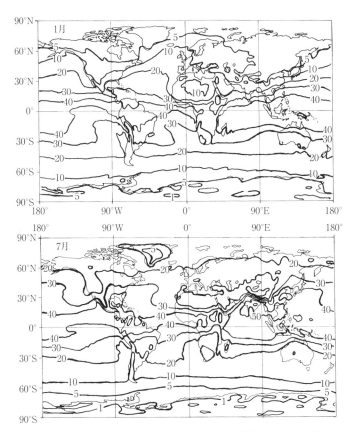

図 4-4　1月（上段），7月（下段）における可降水量で示した水蒸気量（mm）（1970～99 年の平均，参考図書 c により作成）

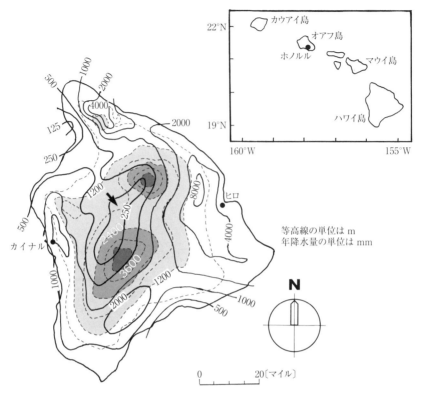

図 4-5 ハワイ島の年降水量と地形（参考図書 d による）
太線は等降水量線，細破線は等高線を示す

② 強制的に山を越えさせる：たとえばハワイ島の降水量分布がこれによって説明される．ハワイ島の年降水量を示した図 4-5 を見ると，島の東部に年降水量 4,000 mm 以上の地域がある反面，西部に 250 mm 未満の地域もある．ハワイ島は中央にマウナロア・マウナケアという 4,000 m を超える 2 つの火山があり，年間を通して北東貿易風が湿った海上から吹いている．北東貿易風が山にぶつかって強制上昇させられると，上空の冷たい空気に触れ，水蒸気として存在できない部分が降水となる．海上を通ってくる湿った風ならば，偏西風・季節風など，どんな風でもかまわない．第 6 章で述べる冬の日本の降水量分布もこれに該当する．

③ 加熱して上昇気流を発生させる：赤道低圧帯での降水がこれで説明される．赤道付近は地球上で最も太陽放射を受容し，赤道付近の大気は加熱される．

すると，前章で述べたように気圧は低くなり，上昇気流が発生する．上昇した大気は上空の冷たい空気に触れ，そこで水蒸気として存在できない部分が生じ，これが降水となる．他にも地上が加熱されて発生する夏の雷（熱雷）がこれに相当する．

ところで，③は，換言すれば「低気圧の発生している場所で降水がある」ことを意味する．また，①も「高温側から低気圧に吹き込む風の吹く場所で降水がある」ことになる．したがって，地球全体でみれば，低気圧の多く発生している場所である低圧帯（赤道低圧帯および亜寒帯低圧帯）で降水が生じていることになる．緯度別の降水量を示した図4-6でこれを確認すると，赤道低圧帯や亜寒帯低圧帯，およびそこに低緯度側から吹き込む偏西風帯の位置で降水量が多いことがわかる．気温の高い赤道低圧帯の位置の方がより降水量が多い．亜熱帯高圧帯や極高圧帯の位置は降水量が少なくなっている．すなわち，「低気圧，およびそこに吹き込む暖かい風の吹くところで雨が多い」という，ふだん天気予報を見て知っていることが，世界の気候を理解するのにも使えるのである．また，海洋上の方が大陸上よりも降水量が多いことも示されている．もともと海洋が地球の表面積に占める割合は約71%であることから，海洋上の

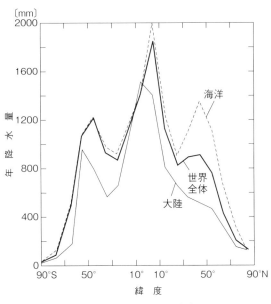

図4-6　緯度圏平均の年降水量
（参考図書eによる）

方が降水量は多いのだが，図4-2から海洋上の降水量は全体の77%であり，実際の面積の割合よりも大きい．なお，北半球の大陸の緯度別降水量を見ると，亜熱帯高圧帯に対応する降水量の少ない緯度帯や，亜寒帯低圧帯に対応する降水量の多い緯度帯が不明瞭であることがわかる．これは，後述のように，20〜30°Nでは季節風の影響で大陸東岸で降水量が多くなり，40〜50°Nでは大陸内部の乾燥地域が含まれるからである．

ところが前章で示したように，赤道低圧帯の位置は，7月は北上，1月は南下する．同様に亜熱帯高圧帯・亜寒帯低圧帯も，7月は北上，1月は南下する．これに伴い，赤道低圧帯や亜寒帯低圧帯による多降水域も，7月は北上，1月は南下する．以上により，降水の季節変化が生じる場所が出てくる．これを模式的に示したものが図4-7である．北半球についてみると，赤道付近では年中赤道低圧帯の影響で多雨であり，20〜30°Nでは年中亜熱帯高圧帯の影響で少雨である．これに対して，10°Nのやや北では，夏は赤道低圧帯の北上・接近で降水があるが，冬は赤道低圧帯が南下し遠ざかり，亜熱帯高圧帯が南

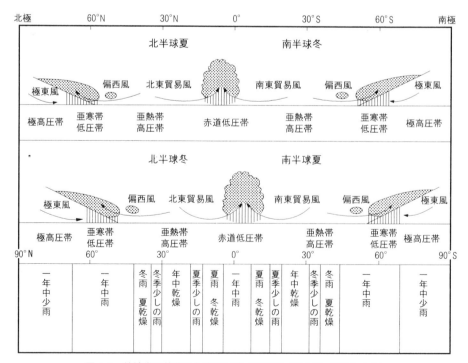

図4-7　前線帯の位置の年変化と降水の変化（福井編，1962による）

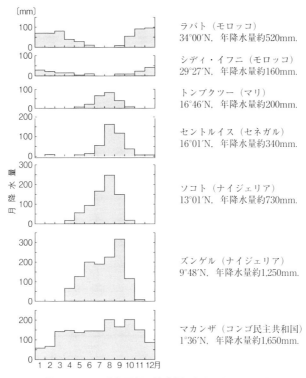

図 4-8　アフリカ西部の降水量（参考図書 e による）

下・接近してくるので乾燥する．30°N のやや北では，夏は亜熱帯高圧帯の北上・接近により乾燥するが，冬は亜寒帯低圧帯およびそれに吹き込む偏西風帯が南下・接近してくるので降水を見る．これをアフリカの赤道以北について具体的に示したのが図 4-8 である．赤道付近では年中降水を見るが，北上するにつれ，夏（低日季）に多雨，冬（高日季）に少雨の特徴が現れる．次第に夏の雨季が短くなり，冬の乾季が長くなり，ついには年中乾燥するサハラ砂漠の緯度帯になる．アフリカ北端に近くなると，冬が雨季になってくる．

4　水蒸気の収束

　前述のように，水蒸気を余分に加えれば降水の可能性がある．そのような例が日本の梅雨である．第 6 章で述べるように，日本列島の西側では，インド方面からの南西気流と，太平洋上の小笠原高気圧から吹き出す風に乗って，それぞれ水蒸気が輸送されてくる．これが収束して，日本列島に多くの降水がもたらされる．

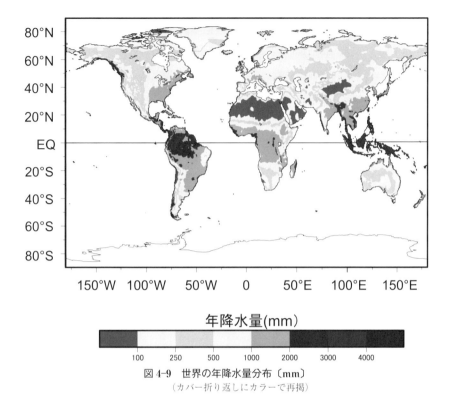

図 4-9 世界の年降水量分布〔mm〕
（カバー折り返しにカラーで再掲）

（2） 世界の降水量分布

　以上をもとに，世界の中で，どこで降水量が多い（あるいは少ない）か，またそれはなぜかを考えてみよう．図 4-9 は世界の年降水量の分布を，図 4-10 は上が 12～2 月（北半球の冬）の，下が 6～8 月（北半球の夏）の世界の降水量の分布を，それぞれ示したものである．

1　多雨地域

　世界の多雨地域（世界の平均年間降水量はおおむね 700～1,000 mm なので，ここでは 1,000 mm 以上の地域と考えてよい）は以下のようにまとめられる．

① 赤道付近：赤道に沿った地域は，年降水量が 2,000 mm 以上の地域が不連続に連なっている．これは赤道低圧帯の影響によるものだが，この多降水域は，北半球の夏には北上し，冬には南下する．また，太平洋に伸びる降

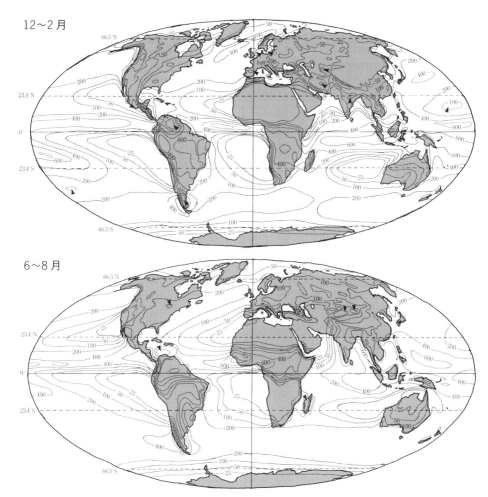

12〜2月

6〜8月

図 4-10 北半球の冬（上）・夏（下）各 3 か月間の降水量分布〔mm〕
（参考図書 c（ただし第 6 版）による）
矢印は周囲よりも降水量が少ないことを意味する．

水量の多い地域が 12〜2 月の図に見られるが，これは南太平洋収束帯に伴う多降水域である．

② 緯度 40〜60°の中緯度，特に山脈の西側：南半球のこの緯度帯では，年降水量が 1,000 mm 以上の地域が帯状に連なっている．北半球でも同様の多降水帯が太平洋・大西洋上に見られる．これは亜寒帯低圧帯，およびそれに吹き込む偏西風の影響によるものである．注目すべきは，南アメリカ大陸の南端部では 2,000 mm 以上の年降水量となっていることである．ここは

アンデス山脈の西側に相当するが，これは偏西風がアンデス山脈にぶつかり，強制上昇され，上空の冷たい空気に触れて降水がもたらされるためである．同様の多降水域は，図では不明瞭だが，アラスカ西部，スカンジナビア半島，ニュージーランド南島にも見られる．

③ 貿易風に対して山地の風上側：マダガスカル島の東部などがこれに含まれる．ハワイ島の降水量分布と同様，東寄りの貿易風が山地にぶつかり強制上昇させられると，上空の冷たい空気に触れて降水がもたらされるためである．マダガスカル島は年中南東貿易風が吹き，島の中央を山脈が南北に走るため，風上側にあたる山地の東側で降水量が多くなる．

④ 低緯度側の海洋から高温多湿の風が侵入しやすいところ：東～南アジア（日本～インド）が典型例である．太陽放射の方が多い夏は，大陸の方が海洋よりも暖まり，低圧になる．こうしてインドの西には夏に明瞭な低気圧が形成される．この低気圧に向かって赤道側の海洋から湿った（南西もしくは南東）季節風が吹き込む．この風が降水をもたらす．特にインド東部のアッサム地方は，湿った風がヒマラヤ山脈による強制上昇を受けるため，世界で最も降水量が多くなる．さらに，第6章で触れるように，この地域は熱帯低気圧が多く発生し，これによる降水も多い．一方，冬はシベリア高気圧からの冷たく乾いた（北東もしくは北西）季節風の影響を受けるので，降水量は少ない．ただし，フィリピン東岸のように，冬季の季節風が海上を渡り，水蒸気を供給され山地にぶつかると，降水量が多くなる場合もある．また，インド～東南アジアでは，雨季の直前に年間の気温の最高値が出る（雨季に入ると，雲が太陽放射を遮る上，降った雨が蒸発するとき大気の熱を奪うため，気温が下がるからである）．

2　少雨地域

世界の少雨地域（ここでは年降水量250 mm以下の地域とする）は以下のようにまとめられる．

① 極地方：北極・南極地方では降水量が少ない．これは極高圧帯に含まれるため，あるいは低温ゆえ大気中の水蒸気含有量が少ないためと解釈できる．

② 中緯度の大陸内部：中央アジアやタクラマカン・ゴビの両砂漠が例である．前述のように，大気中の水蒸気は，おもに海洋からの蒸発によって供給され，大陸内部では蒸発量は少ない．仮に海洋の水蒸気を大陸内部まで水蒸気を運ぼうとすると，隔海度が大きい（海洋から遠い）ため，途中で落ち

てしまう．あるいは周囲のどこかに山脈があるため，風がこれを越えるときに，水蒸気を落としてしまう．ゴビ砂漠は標高が比較的高く，垂直方向に水蒸気を運ぶときに落としてしまう．以上の理由で大気中の水蒸気含有量が少なくなり，降水量が少なくなる．

③ 回帰線付近の，おもに大陸の西側：サハラ砂漠やオーストラリアのグレートサンディー砂漠などがこれに含まれる．これらの地域の西の海上には亜熱帯高圧帯があり，年間を通してこの影響をうける．われわれが日常経験して知っている「高気圧が西にあれば晴れる」が一年間続けば乾燥気候となってしまうと考えればよい．この少雨地域では蒸発量が降水量を上回り，余分な水蒸気が貿易風や偏西風によってそれぞれ赤道側，極側に輸送される．また，この少雨地域は，亜熱帯高圧帯の北上・南下に伴って，6~8月は北上し，12~2月は南下する．大陸の東側は，多くの場合季節風の影響を多少なりとも受けるので，少雨とはなりにくい．

④ 卓越風に対して大山脈・山地の風下側：湿った風が山脈にぶつかると，風が上昇する時に山脈の風上側で水蒸気を落としてしまい，風下側では乾燥した風が吹き降りるため降水量が少ない．たとえば，偏西風が卓越する南アメリカ大陸南部のアンデス山脈の東側（アルゼンチンのパタゴニア地方）は，西側のチリ南部（こちらもパタゴニア地方と呼ばれる）で水蒸気が降水となってしまう．そのため乾いた偏西風が吹き降りることになり，少雨地域となっている．また，ソマリア付近は，6~8月はギニア湾からインド西部の低気圧に向かう風の影響を受けるが，この風がアフリカ東部の山地・高原を越える際に水蒸気を落としてしまうため，また12~2月はユーラシア大陸側からの風の影響を受けるため，いずれも乾燥する．

⑤ 低緯度の大陸西岸：南半球の南アメリカ大陸・アフリカ大陸では，少雨地域が赤道付近まで伸びている．ここにはチリ北部のアタカマ砂漠や，ナミビアを中心に広がるナミブ砂漠などが含まれる．これはそれぞれ沖合を流れる寒流のペルー海流・ベンゲラ海流の影響である．すなわち，寒流によって大気の下層が冷却されると，低緯度ゆえ上空はさほど気温が低くないのに対し，下層には重たい（密度の大きい）空気が形成され，大気は安定化する．このため上昇気流が発生せず，降水が生じない．ただし，冷たい下層大気と暖かい上層大気の間では，霧が形成されることも多い．

【この章のまとめ】

1 　高温の湿った大気を冷却すれば，もしくはこれに余分に水蒸気を加えれば降水が生じ得る．

2 　水蒸気は低緯度ほど，海洋（に近い）ほど多く含まれる．

3 　大気の冷却方法には，① 高緯度側へ吹く風に乗せる，② 強制的に山を越えさせる，③ 加熱して上昇気流を発生させる，の3つのタイプがある．

4 　多降水域には，① 赤道付近，② 緯度40〜60°の中緯度，③ 貿易風に対して山地の風上側，④ 低緯度側の海洋から高温多湿の風が侵入しやすいところ，の4つのタイプがある．

5 　少降水域には，① 極地方，② 中緯度の大陸内部，③ 回帰線付近の大陸の西側，④ 卓越風に対して大山脈・山地の風下側，⑤ 低緯度の大陸西岸，の5つのタイプがある．

【理解度チェック】

　図4-11は，地球上の大陸を1つに集めた仮想大陸上に，多雨地域・少雨地

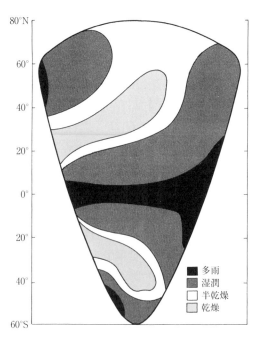

図4-11　仮想大陸上の年降水量の分布（参考図書eによる）

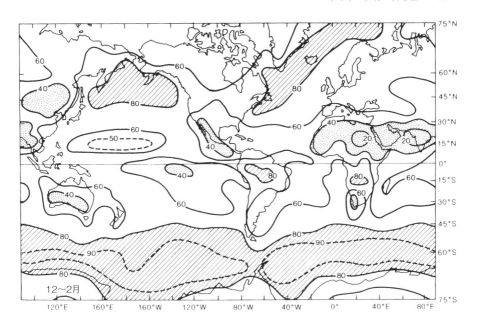
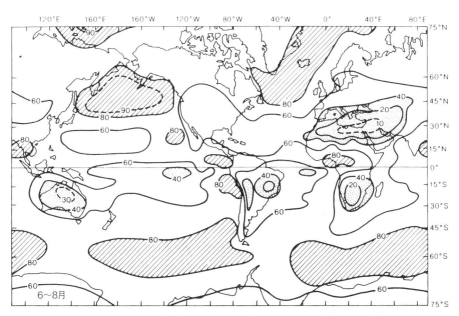

図 4-12 世界の平均雲量分布〔%〕(上段:12〜2月,下段:6〜8月)
(参考図書 c による)

域などを模式的に示したものである．多雨地域・少雨地域をそれぞれいくつか
に分類し，適切な表現で出現する場所を（たとえば「南半球高緯度大陸東岸」
などのように）示し，その理由を考えなさい．

> この章のキーワード：
> 　飽和水蒸気量，水の循環，亜寒帯低圧帯，偏西風，強制上昇，
> 　貿易風，季節風，赤道低圧帯，水蒸気の収束，隔海度，
> 　亜熱帯高圧帯，大気の安定

研究課題：世界の雲量
　図 4-12 は，上段に 12～2 月の，下段に 6～8 月の雲量（空の何 % が雲でお
おわれているか）を示したものである．この図を見て，以下の問いに答えなさ
い．

1　降水量が多く，雲量が多い地域（少なくとも一方の図で 80 以上の地域）
　を適切な表現で示し，その理由を考えなさい．
2　降水量が少なく，雲量が少ない地域（双方の図で 40 未満の地域）を適切
　な表現で示し，その理由を考えなさい．
3　季節によって雲量が大きく変わる地域を適切な表現で示し，その理由を考
　えなさい．
4　降水量が少ないのにもかかわらず，雲量が多い地域を適切な表現で示し，
　その理由を考えなさい．

第5章　世界の気候区分

> この章の学習目標：
> 1　気候区分とは何か．なぜ行われるのか．
> 2　成因的気候区分とはどのようなものか．どのような特徴があるか．
> 3　結果的気候区分とはどのようなものか．どのような特徴があるか．

（1）　気候区分とは

　今まで世界の気候を大観し，「所変われば気候も変わる」ことを示してきたが，実際は似たような気候の特徴を持つ場所が現れる．このような場所をグルーピングし，意味を持った一つの「地域」にまとめるのが気候区分である．以下に述べるように，大きく分けて2つの方法があり，それぞれの例を2〜3ずつ紹介する．なお，各気候区分のより詳しい解説は矢澤大二（1989）：『気候地域論考 ― その思潮と展開 ―』に述べられており，そちらを参照されたい．

　これによって，気候の場所による違いをより明らかにすることが気候区分の目的の1つである．さらに，区分することによって，食生活・住居・衣服などの文化の背景や，産業（とりわけ農業）の基盤として，自然環境がどう関わっているかを論じるときの基礎的データを提供することも，目的の1つである．

（2）　成因的気候区分

　「気候を特徴づける原因となるものが同じならば，結果としての気候は似たものになる」この仮定に基づき，気候を形成する原因に着目して行ったものが成因的気候区分であり，近代的気候区分・演繹的気候区分と言うこともある．方法としては正攻法であり，世界の気候の地域差を示す目的でなされたものが多いが，結果が必ずしも現実にあわないことが大きな欠点である．たとえば，フローン＝クプファーの気候区分では，世界で最も雨が多いインドのアッサ

ム地方と，砂漠が広がるアフリカのソマリアが同じ10の気候区になってしまう．あるいは，アリソフの気候区分では，夏多雨の東京と，夏少雨のローマが同じ4の気候区になってしまう．

1　影響する風系を基準にしたもの：フローン＝クプファーの気候区分

フローンが考案したものを，クプファーが図に表した．世界の風系を，第3章で示した極東風（E），偏西風（W），貿易風（P），および，図5-1のように貿易風や季節風が反対側の半球に入ると（転向力の向きが逆になるため）西寄りの風となることで生じる赤道西風（T）に分ける．赤道低圧帯などが7月に北上，1月に南下するのに伴い，これらの風系は，図5-2のように7月は全体

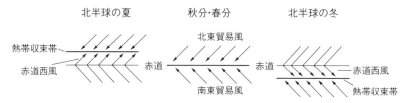

図 5-1　熱帯収束帯と赤道西風の模式図（参考図書1による）

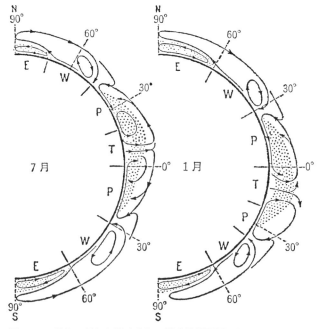

図 5-2　1月と7月における大気の模式的断面図（矢澤，1989による）
Tは赤道西風，Pは貿易風，Wは偏西風，Eは極東風を表す．

第5章 世界の気候区分　63

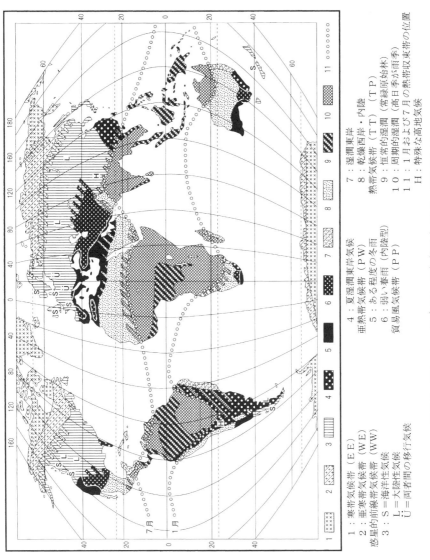

図 5-3　フローン=クプファーの気候区分（矢澤，1989による）

が北上，1月は南下する．したがって，季節によって違う風系の影響を受けるところもある．これらの風系のうちのどれが，いつ影響を及ぼすかによって気候区分したものである．すなわち，

　　　年中赤道西風の影響を受ける地域 ＝ TT
　　　高日季は赤道西風，低日季は貿易風の影響を受ける地域 ＝ TP
　　　年中貿易風の影響を受ける地域 ＝ PP
　　　高日季は貿易風，低日季は偏西風の影響を受ける地域 ＝ PW
　　　年中偏西風の影響を受ける地域 ＝ WW
　　　高日季は偏西風，低日季は極東風の影響を受ける地域 ＝ WE
　　　年中極東風の影響を受ける地域 ＝ EE

となる（高日季は北半球では7月を，南半球では1月を中心とする季節に相当する．低日季はこの逆）．これに降水量などを加味し，それぞれに TT・TP ＝ 熱帯気候帯（熱帯内帯および外帯），PP ＝ 貿易風気候帯，PW ＝ 亜熱帯気候帯，WW ＝ 惑星的（汎地球的）前線帯気候帯，WE ＝ 亜寒帯気候帯，EE ＝ 寒帯気候帯のように名称をつけ，気候区分が完成する．これを図示したものが図 5-3 である．

2　影響する気団を基準にしたもの：アリソフの気候区分

　世界の大気を，高温多湿の赤道気団，高温乾燥の熱帯気団，冷涼湿潤の寒帯（中緯度）気団，寒冷の極気団の4つに分ける．これらの境界を熱帯前線・寒帯前線（第3章の寒帯前線とは同じものではないことに注意）・極前線と呼ぶ．赤道低圧帯などが7月に北上，1月に南下するのと同様，これらの気団は，図 5-4 のように，7月は全体が北上，1月は南下する．したがって，季節によって違う気団の影響を受けるところもある．これらの気団のうちのどれが，いつ影響を及ぼすかによって気候区分したものである．すなわち，

　　　年中赤道気団の影響を受ける地域 ＝ 1
　　　高日季は赤道気団，低日季は熱帯気団の影響を受ける地域 ＝ 2
　　　年中熱帯気団の影響を受ける地域 ＝ 3
　　　高日季は熱帯気団，低日季は寒帯気団の影響を受ける地域 ＝ 4
　　　年中寒帯気団の影響を受ける地域 ＝ 5
　　　高日季は寒帯気団，低日季は極気団の影響を受ける地域 ＝ 6
　　　年中極気団の影響を受ける地域 ＝ 7

となる．それぞれに 1＝赤道気団帯，2＝赤道季節風帯（亜赤道帯），3＝熱帯

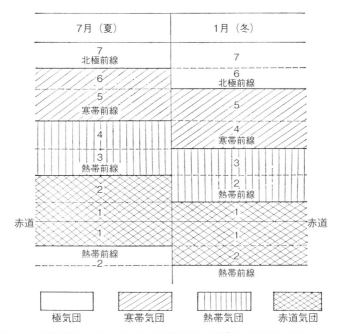

図 5-4　北半球におけるアリソフの気候区分の概念図 (福井編, 1966 による)

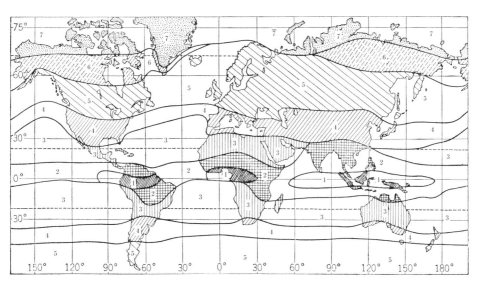

図 5-5　アリソフの気候区分 (参考図書 2 による)
　　1:赤道気団帯, 2:赤道季節風帯, 3:熱帯気団帯, 4:亜熱帯, 5:寒帯気団帯,
　　6:亜北極・亜南極帯, 7:北極・南極気団帯

気団帯，4＝亜熱帯，5＝寒帯（中緯度）気団帯，6＝亜北極・亜南極帯，7＝北極・南極気団帯のように名称をつけ，図示したものが図5-5である．

（3） 結果的気候区分

　気象観測の結果得られた気候要素に着目して行ったものが結果的気候区分であり，経験的気候区分・帰納的気候区分ということもある．植生・農業地域の分布など，他の分野において気候の分布と関連づけることを目的にしたものが多く，結果的に現実の気候の違いをよく反映している．しかし，たとえば当初のケッペンの気候区分では新潟県上越市の高田が地中海性気候に分類されていたなど，成因が違う気候でも同じ地域になってしまう問題点がある．

1　気候要素を階級区分したもの：クロイツブルクの気候区分

　気候要素の値を階級区分し，その組み合わせによって気候区分をしたものである．まず，月平均気温と積雪日数に着目し，表5-1で示したような基準で，

表5-1　クロイツブルクの気候分類の基準（矢澤，1989による）

温度帯

熱　帯	気温日較差と年較差との平衡線
亜熱帯	高度0mのところで積雪日数1日，もしくは最寒月平均気温6℃（海洋性変種では年平均気温13℃）
温　帯	積雪日数150日（もしくは海洋性変種では最暖月平均気温11℃，大陸性変種では最暖月平均気温18℃）
亜極帯	海面高度で積雪日数240日もしくは海洋性変種では最暖月平均気温7℃
極　帯	海面高度で積雪日数360日
高極帯	南極大陸の氷床地域に発現

年間の湿潤月数

10～12か月	通年湿潤
8～10か月	通年湿潤，ただし短い乾燥季あり
5～ 9か月	半湿潤（湿潤季の出現時期により，夏湿潤，冬湿潤に2分する）
3～ 5か月	半乾燥（短い湿潤季の出現により，短期の夏湿潤，短期の冬湿潤に2分する）
3か月未満	通年乾燥

第5章 世界の気候区分　67

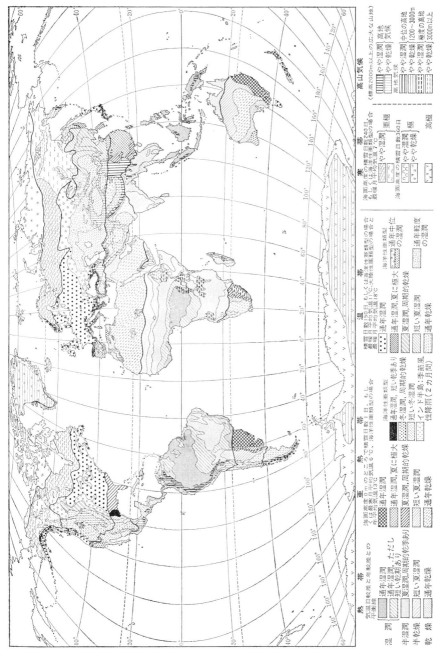

図5-6 クロイツブルクの気候区分（矢澤，1989による）

熱帯・亜熱帯・温帯・寒帯（亜極帯および極帯）に区分する．ただし，高地気候と高山気候は別に設定する．次に，毎月の降水量が次の式

$$r\{12\,r-20(t+7)\}=3000\ (ただし\,t\,は月平均気温：℃)$$

で計算される r より小さいときを乾燥月，大きいときを湿潤月とし，表5-1で示したような基準で，通年湿潤・半湿潤・半乾燥・乾燥に区分する．これを組み合わせて区分したものが図5-6である．方法としては古典的といえるが，世界の気候の違いをよく表しているものの一つである．

2　気候要素から「指数」を作り，それを階級区分したもの：ソーンスウェイトの気候区分

以下に述べるように極めて複雑であるが，農業にどれだけの水が必要かを明らかにしたいという目的で行われたものである．① 蒸発散位——地中100 mmまで地下水で満たされていると仮定したときの蒸発量の最大値．実際は気温から計算する——の年合計値と，② 湿潤係数 $I_h=（年間水分過剰量）÷（蒸発散位の年合計値）×100$，もしくは，乾燥係数 $I_a=（年間水分不足量）÷（蒸発散位の年合計値）×100$，③ 湿潤指数 $I_m=I_h-0.6\,I_a$，④ 蒸発散位の夏3か月の集中度 $=（6～8月の蒸発散位の和）÷（蒸発散位の年合計値）×100$ を求め，③①②④ の順に表5-2のように階級区分する．この求め方であるが，毎月の降水量が蒸発散位を上回れば差がそのまま水分過剰量になるが，8月のように下回れば「地中100 mmまで満たされている地下水」により補う．したがって地中水分は28 mmに減る．9月のように再び上回れば「地中の水分を100 mmに戻す」ことが優先され，水分過剰量は戻るまで0になる．10月に地中水分量が100 mmに戻ったら，それを超える分（$115-65-(100-89)=39$ mm）が水分過剰量になる．

③①②④ のそれぞれで，同じ階級になった地域を区分したものを図5-7に示す．これによれば，たとえば表5-3で示した大阪は ［$B_3\,B_2'\,rb_3'$］ 気候になる．この4つの図を重ね合わせ，気候区分が完成する．ただし，日本が20気候区に分類されるなど，結果が細かすぎるのが難点である．

3　気候の違いを反映するものを基準にしたもの：ケッペンの気候区分

原理としては，服装など気候の違いを反映している現象の分布にまず着目し，この現象で地域区分することによって気候区分するものである．このような分布論的方法でなされたものを，分布論的気候区分ということもある．

第 5 章　世界の気候区分　　69

表 5-2　ソーンスウェイトの気候分類の基準（参考図書 2 による）

（a）湿潤指数（I_m）による分類

I_m	気　候　型		
100 以上	A	完　湿　潤	
80～ 100	B_4	湿　　　潤	
60～ 80	B_3	〃	
40～ 60	B_2	〃	
20～ 40	B_1	〃	
0～ 20	C_2	亜　湿　潤	
−20～ 0	C_1	亜　乾　燥	
−40～−20	D	半　乾　燥	
−60～−40	E	乾　　　燥	

（b）蒸発散位の年総量（n）による分類

蒸発散位〔mm〕	気　候　型		
1140～	A'	熱　　　帯	
997～1140	B_4'	温　　　帯	
855～ 997	B_3'	〃	
712～ 855	B_2'	〃	
570～ 712	B_1'	〃	
427～ 570	C_2'	冷　　　帯	
285～ 427	C_1'	〃	
142～ 285	D_1'	ツ　ン　ド　ラ	
～ 142	E'	氷　　　雪	

（c）乾燥係数（I_a）または湿潤係数（I_h）による分類

（i）　I_m が正のとき		気　　候　　型
I_a		
0～16.7	r	水不足量が少ないか またはない
16.7～33.3	s	夏に多少水不足がある
16.7～33.3	w	冬に多少水不足がある
33.3～	s_2	夏に水不足が著しい
33.3～	w_2	冬に水不足が著しい

（ii）　I_m が負のとき		気　　候　　型
I_h		
0～10	d	水の過剰が少ないか またはない
10～20	s	冬に多少水の過剰がある
10～20	w	夏に多少水の過剰がある
20～	s_2	冬に水の過剰が著しい
20～	w_2	夏に水の過剰が著しい

（d）蒸発散位の夏 3 か月間への集中度による分類

集中度〔%〕	気　候　型
～48.0	a'
48.0～51.9	b_1'
51.9～56.3	b_3'
56.3～61.6	b_2'
61.6～68.0	b_1'
68.0～76.3	c_2'
76.3～88.0	c_1'
88.0～	d'

表 5-3 大阪の水収支表（1941〜1970年の平均）（参考図書2 による）

	1	2	3	4	5	6	7	8	9	10	11	12	年
気温 [℃]	4.5	4.9	8.0	13.9	18.6	22.5	26.8	28.0	23.9	17.6	12.1	7.0	15.6
蒸発散位 [mm]	6	7	18	49	88	122	170	172	113	65	31	12	853
降水量 [mm]	50	55	105	128	143	210	181	100	174	115	81	48	1390
地中水分の変化量 [mm]	0	0	0	0	0	0	0	−72	+61	+11	0	0	0
地中水分量 [mm]	100	100	100	100	100	100	100	28	89	100	100	100	
水分不足量 [mm]	0	0	0	0	0	0	0	0	0	0	0	0	0
水分過剰量 [mm]	44	48	87	79	55	88	11	0	0	39	50	36	537

湿潤指数 $I_m = \dfrac{100 \times 537 - 0}{853} = 63.1$ $\qquad$ B_3

蒸発散位の年合計値 $n = 853$ $\qquad$ B'_2

乾燥係数 $I_a = 0$ $\qquad$ r

蒸発散位の夏3か月への集中度 $C = (464/853) \times 100 = 54.4$ $\qquad$ b'_3

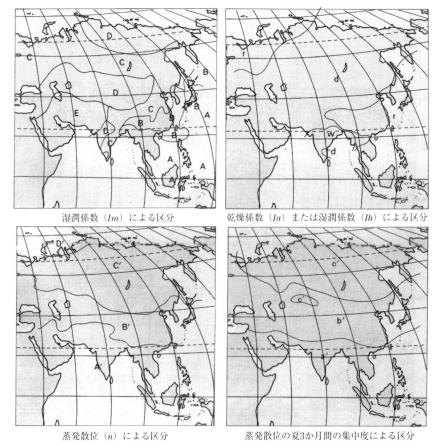

図 5-7 ソーンスウェイトの湿潤指数・蒸発散位などによる地域区分（福井編，1985 による）

この代表例がケッペンの気候区分である．彼は，「植生の違いは気候の違いを反映する」ことを仮定して，まず，あらかじめ作成されていた世界の植生分布の模式図を用い，植生の境界線を気候要素（の組合わせ）と図5-8のように対応させる．対応させた気候要素の値を世界全図の上に落とし，気候区の境界とし，気候区分したものである．すなわち，彼は，まず世界の植生を，樹木があるところとないところに分けた．前者をさらに，熱帯の樹木の生育地域・温帯の樹木の生育地域・冷帯の樹木の生育地域に分け，それぞれの境界を，「最寒月平均気温18℃以上」，「最暖月平均気温10℃以上かつ最寒月平均気温18～－3℃」，「最暖月平均気温10℃以上かつ最寒月平均気温－3℃未満」と対応づけ，これらの等値線を世界全体に描いた．後者は，乾燥のため樹木がない地域と，寒冷のため樹木がない地域に分けた．乾燥のため樹木がない地域は，それぞれの降水型（s, f, w）に応じて，年降水量と年平均気温から乾燥限界値を求めた．寒冷のため樹木がない地域は，最暖月平均気温10℃未満と対応づけた．これらの境界線を世界全図の上に落としていくのである．1900年に最初の気候区分図が提出され，その後何回かの修正（最も大きなものが1918年のもの）を経たものが用いられている．表5-4に気候区分の境界線の一覧を，

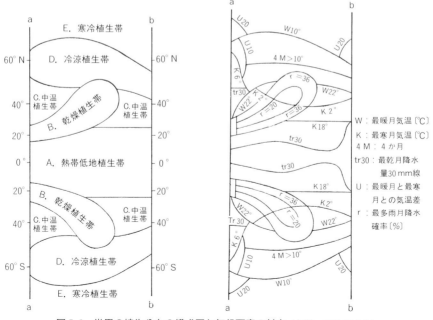

図5-8　世界の植生分布の模式図と気候要素の対応（矢澤，1989による）

表5-4　ケッペンの気候分類（参考図書2による）

気候区名	記号	区分の基準	細区分の基準
樹木気候			
熱帯気候	A		
熱帯雨林気候	Af	最寒月平均気温 18°C 以上	w′：地点所属半球の秋に最多雨月がある
熱帯季節風気候	Am	最少雨月雨量 (y) 60 mm 未満で、かつ年降水量 (x) に対し $y>100-x/25$	w″：雨量の極大・極小が年2回
熱帯サバナ気候	Aw	最少雨月雨量 (y) 60 mm 未満で、かつ年降水量 (x) に対し $y\leqq100-x/25$	s：太陽高度の高い季節が乾季 i：気温の年較差が 5°C 未満 g：最暖月が夏至以前にあらわれる
温帯気候	C		
温帯多雨気候	Cf	最寒月平均気温 -3°C 以上 18°C 未満	a：最暖月平均気温 22°C 以上
温帯夏雨気候	Cw	年中多雨（次の Cw, Cs の条件にはいらないもの）夏の最多雨月雨量が冬の最少雨月雨量の 10 倍	b：最暖月平均気温 22°C 未満で、かつ平均気温 10°C 以上の月が 4 か月以上
温帯冬雨気候	Cs	冬の最多雨月雨量が夏の最少雨月雨量の 3 倍で、かつ夏の最少雨月雨量が 30 mm 未満	c：平均気温 10°C 以上の月が 4 か月未満 i, g：〔A 気候と共通〕
冷帯気候	D		
冷帯多雨気候	Df	最寒月平均気温 -3°C 未満、最暖月平均気温 10°C 以上	t′：最暖月が秋にあらわれる x：最多雨月が晩春から初夏、夏に少雨
冷帯夏雨気候	Dw	年中多雨（Dw 条件にはいらないもの）夏の最多雨月雨量が冬の最少雨月雨量の 10 倍	s′：最多雨月が秋 d：最寒月平均気温 -38°C 未満
無樹木気候			
乾燥気候	B	年雨量 $(r\ \mathrm{cm})$ が年平均気温 $(t\,{}^\circ\mathrm{C})$ に対し、f 気候：$r<2(t+14)$　s 気候：$r<2t$　w 気候：$r<2(t+7)$	f, s, w, a, b, c：〔C 気候と共通〕
草原気候	BS	年雨量が年平均気温に対し、f 気候：$r\geqq t+14$　s 気候：$r\geqq t$　w 気候：$r\geqq t+7$	s：冬半年の雨量が年雨量の 70% 以上
砂漠気候	BW	年雨量が年平均気温に対し、f 気候：$r<t+14$　s 気候：$r<t$　w 気候：$r<t+7$	w：夏半年の雨量が年雨量の 70% 以上 f：雨量の季節配分が s, w にはいらないもの h：年平均気温 18°C 以上 k：年平均気温 18°C 未満
極気候	E		
ツンドラ気候	ET	最暖月平均気温 10°C 未満　最暖月平均気温 0°C 以上	k′：最暖月平均気温 18°C 未満
氷雪気候	EF	最暖月平均気温 0°C 未満	

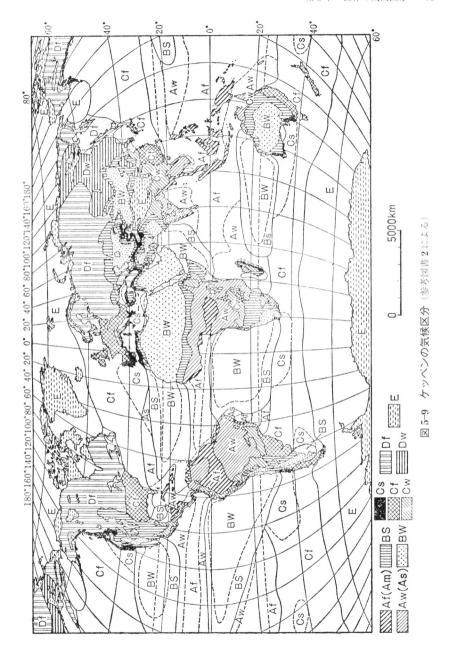

図 5-9　ケッペンの気候区分（参考図書 2 による）

図 5-9 に完成された気候区分図の例を,図 5-10 に陸地を一つにまとめた仮想大陸上に各気候区を配列したものを示す.なお,カバー裏表紙の図は,http://koeppen-geiger.vu-wien.ac.at から引用したものである。方法としては「変則的」であるが,結果的に世界の気候の地域による違いを最もよく表現するものの一つで,農業や文化の相違を説明するのに広く用いられる.

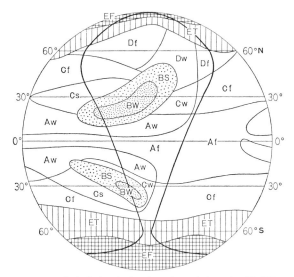

図 5-10 仮想大陸におけるケッペンの気候区分の模式図
(福井編,1966 による)

第5章　世界の気候区分　75

【この章のまとめ】

1　似たような気候の特徴を持つ場所をグルーピングし，意味を持った一つの「地域」にまとめるのが気候区分である．

2　成因的気候区分は，気候を形成する原因に着目したものであり，フローン＝クプファーの気候区分，アリソフの気候区分などがある．

3　結果的気候区分は，気象観測の結果得られた気候要素をもとに区分するものであり，クロイツブルクの気候区分，ソーンスウェイトの気候区分，ケッペンの気候区分などがある．

【理解度チェック】：「現実にあわない」気候区分

　以下の理由を考えなさい．

1　フローン＝クプファーの気候区分では，世界で最も雨が多いインドのアッサム地方と，砂漠のソマリアが同じ10の気候区になってしまう．

2　アリソフの気候区分では，夏多雨の東京と，夏少雨のローマが，同じ4の気候区になってしまう．

3　オリジナルのケッペンの気候区分では新潟県上越市の高田が地中海性（Cs）気候に分類されていたなど，成因が違う気候でも同じ気候区になってしまう．なお，1936年に修正された際に，表5-4の「かつ夏の最少雨月雨量が30 mm 未満」の条件が付加されたため，高田はCf気候（より厳密には「この条件が付加されたためCsでなくなった」Cfs気候）に分類されることになった．

　この章のキーワード：

　　気候区分，成因的気候区分，フローン＝クプファーの気候区分，
　　アリソフの気候区分，結果的気候区分，
　　クロイツブルクの気候区分，ソーンスウェイトの気候区分，
　　ケッペンの気候区分

研究課題：世界の気候地形区分

　図5-11は，地球の外部から地形を作る力（外的営力）に基づく地域区分図である．図5-12は各気候地形区を年降水量と年平均気温と対応づけたもので

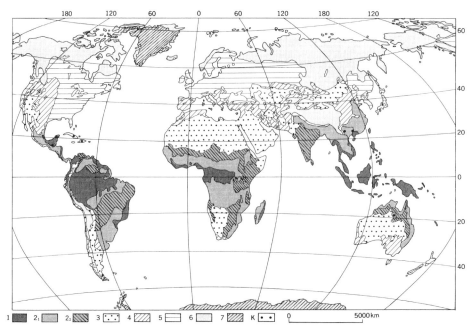

図 5-11 現在の外的営力による地域区分（貝塚, 1997 による）
K はカルスト地形を示す.

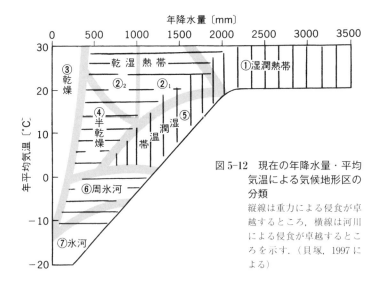

図 5-12 現在の年降水量・平均気温による気候地形区の分類

縦線は重力による侵食が卓越するところ, 横線は河川による侵食が卓越するところを示す.（貝塚, 1997 による）

ある．これを見て，各気候地形区がケッペンの気候区分のどの気候区に相当するか，またどのような植生が見られるかを考えなさい．

第6章　日本の気候

この章の学習目標：

1　日本の気温は，世界全体の平均に比べて高いか低いか．気温の年較差は同じ緯度に比べてどうか．

2　日本の降水量は，世界全体の平均に比べて多いか少ないか．

3　日本の天気変化・季節変化の激しさはどう説明されるか．

4　日本の主要な降水要因は温帯低気圧のほかに3つあるが，何と何か．気象衛星画像上にはそれぞれどのような特徴が見られるか．

（1）　世界全体からみた日本の気候

　世界の気候を大観した後で，ここでは世界的視野で見た日本全体の気候を検討してみよう．

1　気　温

　前章の図5-6のクロイツブルクの気候区分（67頁），図5-9のケッペンの気候区分（73頁）などによると，日本は，一部を除きほぼ温帯気候に属することがわかる．一部の気候区分では，南西諸島は亜熱帯に属し，多くの気候区分では，北海道は冷帯に含まれる．

　また，東京の年平均気温は，15.8℃（観測地点移転後）で，ほぼ世界の平均値と同じである．ただし，図6-1に示すように，同緯度の地点と比べると，冬の気温はユーラシア大陸内部よりは高いものの，ユーラシア大陸西岸よりは低い．また，気温の年較差は，図2-14（24頁）で示すように，同じ緯度の他の地点に比べて大きい方である．すなわち，夏高温・冬低温の大陸性気候の特徴を持っている．図3-6（37頁）から検討すると，夏はインドの西の低気圧に向かって，南寄りの風，冬はシベリア高気圧からの北寄りの（しかも冷えやすい大陸からの）風，すなわち，季節風の影響を受けているためであることがわかる．

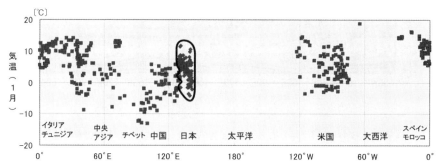

図 6-1　北緯 30～40 度の各地点における 1 月の気温の平年値（1971～2000 年の平均値，気象庁，2002 による）太線で囲んだ範囲が日本の値．

2　降水量

　日本の年降水量はおよそ 850～4,000 mm であり，平均年降水量は約 1,700 mm である．これは世界の平均（約 700～1,000 mm）の約 2 倍に相当する．図 6-2 に示すように，6・7 月の降水量を見ても，同緯度の他の地点よりきわめて多い．この 1 つの要因として，夏季の日本には南寄りの海洋からの湿った季節風が吹き込むことがあげられる．

　しかも，日本では降水をもたらす天気図型（気圧配置型）が常にある程度の確率で出現する．図 6-3 は日本の気圧配置型の出現頻度と季節推移を示したものである．6～7 月は前線停滞型，8～9 月は台風型の出現頻度が高く，降水量の多い季節に相当することがわかる．10～3 月は西高東低型，4～5 月と 9～11 月は移動性高気圧型，7～8 月は南高北低型が多く出現するが，この期間でも気圧の谷型などの降水をもたらす天気図型の出現頻度が低いというわけではない．したがって必然的に降水量は多くなる．また，気圧配置型の出現頻度が大きく変わる時期は，気候要素も大きく変わることが示されている．この時期がちょうど季節の境界になる．たとえば 6 月 11 日ごろは，日照時間は短くなり，日降水量や相対湿度は増えるが，この時期から梅雨の季節に入る．しかし，いずれの気圧配置型の出現頻度も 100％ 近くにはならない．それゆえ，日本の天気の変化はきわめて激しいということができる．

　これに加えて，比較的短い期間に集中するのが日本の降水の特徴である．図 6-4 は各時間帯ごとの降水量の最大値を，世界と日本について見たものである．数時間～数日間の降水量は世界のトップクラスに匹敵することがわかるが，これは，数時間～数日にわたり水蒸気が継続して供給されるメカニズム，

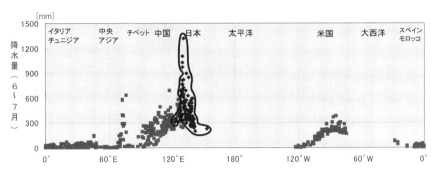

図6-2 北緯30〜40度の各地点における6〜7月の降水量の平年値（1971〜2000年の平均値，気象庁，2002による）
太線で囲んだ範囲が日本の値

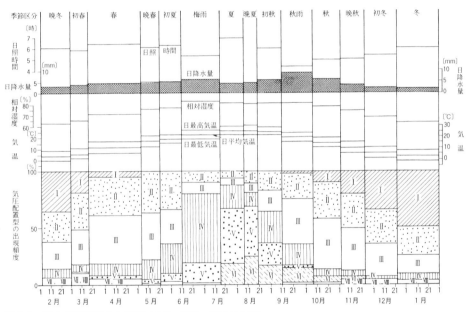

図6-3 日本の季節区分と推移（吉野・甲斐，1977による）
Ⅰ型：西高東低，Ⅱ型：気圧の谷，Ⅲ型：移動性高気圧，Ⅳ型：前線停滞，Ⅴ型：南高北低，Ⅵ型：台風
Ⅶ型はある型から別の型へ移行する場合などを，Ⅷ型は2つの型の中間のような場合を示す．

及び降水をもたらすメカニズムがあることを意味する．

　これが具体的にどのようなものによってもたらされるかを示したものが図6-5である．数時間〜数日間の時間スケールを持つ降水は，雷雨などのメソ対流系によるものであり，台風も含め，主役はいくつもの組織化された積乱雲である．空間的には数10 km〜百数十 kmのスケールを持つ．したがって，さほ

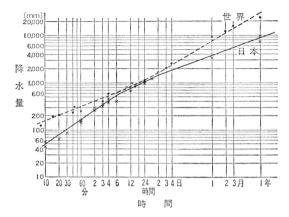

図 6-4　各時間帯の雨量の世界記録と日本記録（参考図書1による）

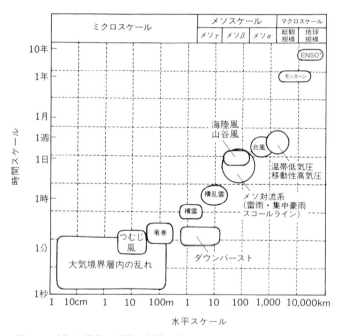

図 6-5　大気の運動の時間・空間スケール（参考図書3による）
　　＊：エル＝ニーニョ現象と南方振動（第8章（1）参照）をあわせた語

ど広くない範囲で，さほど長くない時間に，複数の組織化された積乱雲によって起こされる現象（これが，メソ対流系の「正体」である）は世界有数で，このことから日本の気象災害の多さも説明できる．

（2） 日本の気候を特徴づける要因

以上のような気候の特徴をもたらす要因は，以下の5点にまとめられる。

1 中緯度に位置すること

第2章で述べたように，地球の熱収支の観点からは，年間では大気上端において（太陽放射）＝（地球放射）が成り立つ。この関係から地球の年平均気温が決定する。すなわち，

大気上端での太陽放射：$\pi r^2(1-A)S$……①

地球放射 ：$4\pi r^2 \sigma T^4$……②

ただし，r：地球の半径（約6,400 km），A：地球の平均反射率（アルベド：約0.3）

S：太陽定数（1,396 W/m^2＝2 cal/cm^2·min），

σ：ステファン・ボルツマン定数（5.675×10^{-8} W/m^2 K^4＝8.132×10^{-11} cal/cm^2 K^4 min）

T：地球の平均気温（K），

K は絶対温度（摂氏の温度に273.15を加えた値）

①＝②から　　$T = 256$ K ＝ -17℃

実際には二酸化炭素などの温室効果があるので，$T = 288$ K ＝ 15℃ となる。

ところが，北緯36度付近では，年間ではほぼ上記の式が成立する。したがって，熱収支の観点からは地球の平均的な状態とほぼ同じになり，年平均気温も地球の平均とほぼ同じになる。

また，中緯度に位置することは，熱帯・寒帯双方の気団の影響を受けることを意味する。表6-1は東京における気団の出現頻度を示したもので，P は寒帯気団，T は熱帯気団，c は大陸性気団，m は海洋性気団を意味する（これはいわば世界共通である）。これらを組み合わせた cP 気団はシベリア気団，mP 気団はオホーツク海気団，cT 気団は長江気団—ただしこれは気団として扱うべきではないとの見解も出されている—，mT 気団は小笠原気団を指す。これをみると，冬は寒帯気団にほぼ支配され，夏は熱帯気団の影響を受けることが多いことがわかる。また，暖候期でも，寒帯気団の影響が少なからず及ぶこともわかり，暖候期の高温・冷涼の変化が激しいこともわかる。

表 6-1　東京における気団別出現頻度〔%〕（福井，1961 による）

気団	1	2	3	4	5	6	7	8	9	10	11	12 月
cP	78	62	43	17	9	4	3	2	26	39	51	74
NcP	20	33	33	36	36	33	14	19	37	51	44	25
mP	0	0	0	0	0	1	1	4	1	0	0	0
NmP	0	0	2	4	5	13	12	13	9	2	0	0
cT	0	1	1	5	1	1	0	0	0	0	1	1
NcT	2	3	5	19	18	1	0	0	2	0	3	0
mT	0	0	0	3	3	26	58	48	13	1	0	0
NmT	0	1	5	16	27	21	12	13	11	6	1	0

各気団の名称については本文参照．N は変質した気団を示す．

2　上空のジェット気流に対してヒマラヤ山脈・チベット高原の風下側に位置すること

　第3章で述べたように，上空を西から東へ吹くジェット気流は，風速は強いが位置の変動が大きい寒帯前線ジェット，弱いが変動が小さい亜熱帯ジェットの2本あり，図6-6に示すように，両者は日本上流で合流する（この図はもとは冬の状態を示すものとして描かれたが，春の前半や秋の後半にも当てはまるとしてよい）。そのため，北から吹く前者が南から吹く後者により暖められる形になり，上空では低気圧活動が活発になる。これが下層にも及び，下層でも寒気と暖気がぶつかることで低気圧活動が活発になり，時には「爆弾低気圧」と呼ばれる急速に発達する低気圧も見られる。図6-7は稚内を通る北緯45度に沿った500 hPa面と1000 hPa面の高度を示している（この図も春の前半や秋の後半にも当てはまるとしてよい）。高度の低い方が気圧が低いことを意味するが，日本付近〜日本の東にかけて上空でも地上でも気圧が低くなっていることがわかる（32頁も参照）。

3　ユーラシア大陸の東岸に位置すること

　地球上で最も広い大陸であるユーラシア大陸は，海洋に比べて比熱が小さい（夏は温まりやすく冬は冷えやすい）ため，夏は明瞭な低気圧，冬は明瞭な高気圧が形成される。したがって，図3-6で示すように，日本では夏は南寄りの海洋からの季節風が，冬は北寄りの大陸からの季節風が卓越する。それゆえ夏は同じ緯度の他の地点に比べて高温傾向，冬は低温になり，年較差は大きめになる。

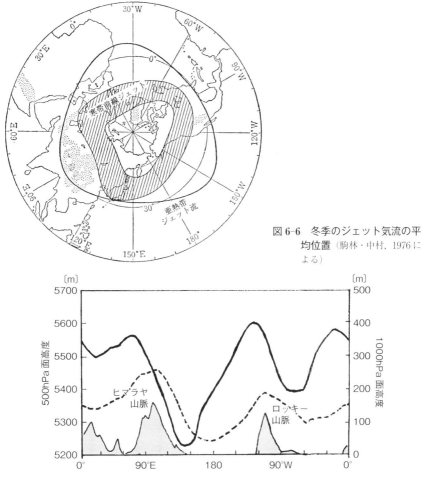

図 6-6 冬季のジェット気流の平均位置 (駒林・中村, 1976による)

図 6-7 冬の北緯 45 度における 500 hPa 面(実線), 1000 hPa 面(破線)の高度の経度分布 (岸保ほか, 1982をもとに作成)
高度が低い所は気圧が低いことを意味する. 地形はおおよその位置を模式的に示している.

4 南海上で水蒸気が多いこと

図 4-4 から, 日本の南〜南西にかけての地域では, 夏は水蒸気が世界で最も多いことがわかる. ここからの水蒸気が供給されるため, 夏の降水量は極めて多くなる. また, 表 6-1 から大陸性気団と海洋性気団が影響を及ぼす月をみると, 夏は海洋性気団が卓越し, それ以外の季節は大陸性気団が卓越する. このことからも夏の降水量が多いことがわかる.

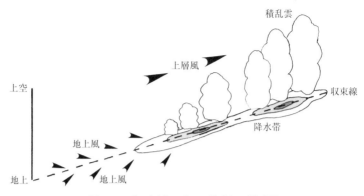

図 6-8　バックビルディング現象の模式図

5　地形が複雑で風の収束が起こりやすいこと

　山地の多い日本では風の吹き方が複雑で，特に山地の風下側で水蒸気を多く含んだ風の収束が起こりやすい．これにより積乱雲が発生し，それ自体で多くの降水がもたらされるが，図 6-8 で示すように，この積乱雲が発達するとともに上空の風によって流されると，流された背後の地点で新たに積乱雲が発生する．これが上空の風によって流されると，同様の現象が次々に繰り返して起こる．このように積乱雲の背後に新たに積乱雲が発生するのがバックビルディング現象で，複数の組織化された積乱雲が集中豪雨をもたらす．これが数十 km 以上に伸びたものが線状降水帯の一つの例で，災害につながるような降水をしばしば引き起こす．

　図 6-9 は，発達した温帯低気圧の雲画像である．雲は高緯度側に膨らみ，全体が「コンマ」状になっており，温暖前線の前面の雲は「にんじん」状になっている．この中で関東平野の南部にひときわ輝いた雲の塊が見られ，海老名（神奈川県）で最大 102 mm/h の降水が観測された．

（3）温帯低気圧以外の降水要因

　日本は温帯に属するため，世界の他の温帯地域と同様，温帯低気圧による降水量が多い．しかし，これまで述べてきたように，温帯低気圧自体も発達するため降水量は多くなる．これに加え，東アジア特有の梅雨，熱帯で降水をもたらす台風，高気圧でありながら降水をもたらすシベリア高気圧の要因が加わるため，これらの影響が強いところはさらに降水量が多くなる．図 6-10 は日本

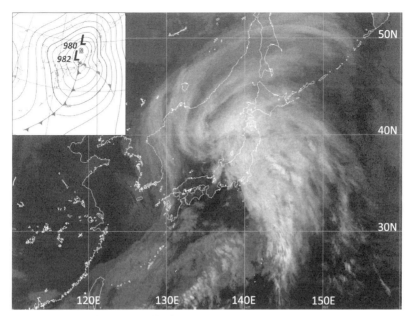

図 6-9 発達した低気圧の雲画像の例 (2013 年 4 月 6 日 22 時, 赤外画像)
(原, 2013 による)

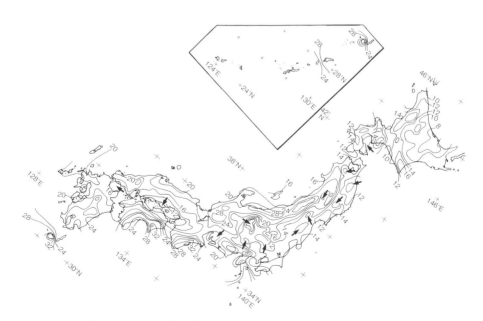

図 6-10 日本の年降水量分布 (単位:100 mm) (気象庁編, 1993 による)
矢印は周囲よりも降水量が少ないことを示す.

の年降水量分布を示したものである。以下に述べるように，温帯低気圧以外の降水要因（梅雨，秋霖・台風，シベリア高気圧）により降水量が増えるところ，すなわち山陰〜九州，伊豆半島以西の太平洋側，東北〜山陰の日本海側は，年降水量が2000 mmを超える。図4-6をみると，この値は世界のどの緯度帯平均の値よりも大きいことがわかる。

1 梅 雨

梅雨時には北海道を除くほぼ日本全域で雨が多くなる。この時期は，図6-11で示すように，梅雨前線の東側では，オホーツク海高気圧と小笠原高気圧の間で前線が形成されている。オホーツク海高気圧からの北東気流が東北日本太平洋側に達し（やませと呼ばれる），しばしば冷害をもたらす。一方，西側では，インドからの南西季節風と南西に向きを変えた小笠原高気圧からの気流が前線の南側に吹き込んでいる。したがって，図6-12で示すように，南西寄りの気流が侵入しやすい（山地によって防げられにくい）地域で，多雨軸の出現頻度が高くなる傾向がある。

また，西側では前線上に積乱雲からなる小低気圧が発生し，集中的に激しい降水をもたらす。図6-13は九州南部で集中豪雨が発生したときの雲画像である。小笠原高気圧からの風が梅雨前線上に流れ込み，甑島（鹿児島県）付近に白く輝いた雲の塊が見られるが，この西にも雲の塊が数百kmの間隔（これもメソ対流系の空間スケールに相当する）で連なっているのがわかる。

2 秋霖・台風

初秋にも前線が停滞し，秋霖の季節となる。この秋雨前線を，南側から熱帯低気圧である台風が刺激すると，降水がより多くなる。図6-14は熱帯低気圧の発生位置と発生割合を示したものである。熱帯低気圧は水温の高い海域で発生する。発生位置によって呼称が異なり，北西太平洋で発生するものが台風，北西大西洋・カリブ海・北東太平洋で発生するものがハリケーン，他はトロピカルサイクロン，通常サイクロンと呼ばれる。

台風の発生機構は次のように説明される。赤道低圧帯の中に形成され，北半球からの風と南半球からの風が収束する熱帯収束帯の上に発生する積雲〜積乱雲に反時計回りの「回転を生じさせる力」が加わり，風速が約17 m/sを超えると台風になる。これが周辺の風に流され，日本へ襲来する。この「回転を生じさせる力」は転向力に相当し，緯度のsin（正弦）に比例する。したがって緯度が大きい，すなわち赤道から離れるほど，また海水温が高いほど台風は発

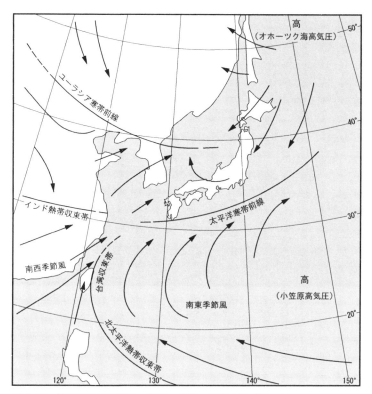

図6-11　梅雨時の気圧配置・気団・前線・気流の模式図（吉野，1979による）

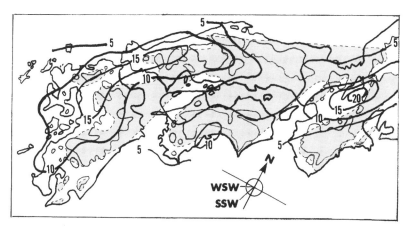

図6-12　南西寄りの気流が妨げられる範囲（灰色の地域）および梅雨季における
　　　　多雨軸の出現頻度の分布（水越，1962をもとに作成）
　　等高線は500 m．

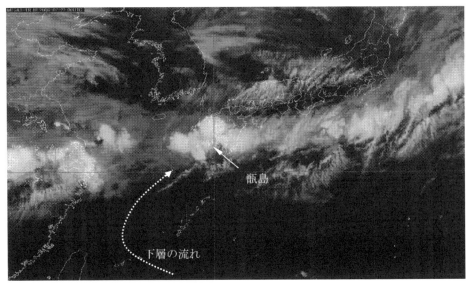

図 6-13 梅雨前線の雲画像の例 (2006 年 7 月 22 日 9 時,赤外画像)
(気象衛星センター,2006 b による)

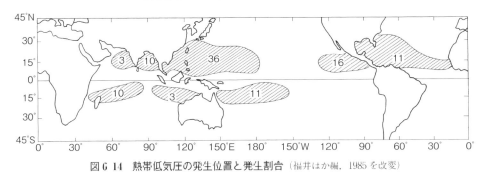

図 6-14 熱帯低気圧の発生位置と発生割合 (福井ほか編,1985 を改変)

生・発達しやすくなるが,この条件に最も適合した 8〜9 月に台風の発生数が多くなる.

　台風による降水は,台風に吹き込む風と高気圧からの風が収束することにより,台風の東側で多く,この風がぶつかる山地の南東側の斜面で特に多くなる.図 6-15 は 10 年間における 9 月の豪雨発生頻度を示したものであるが,紀伊山地や四国山地の南東部に豪雨の発生頻度の高いところが見られる.

　図 6-16 は秋雨前線の雲と台風の雲が重なった時の雲画像である.台風の中心の北東側の秋雨前線上には活発な積乱雲がある.台風の中心に吹き込む雲はスパイラル状の構造を示し,よく見ると発達した積乱雲に相当する白色が強い

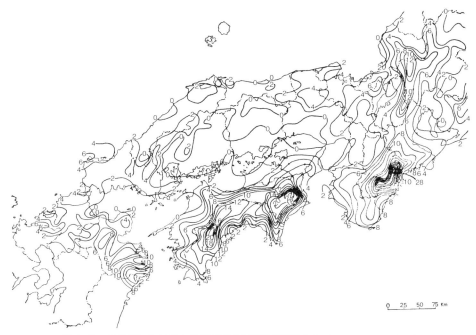

図 6-15　10年間における 9 月の豪雨発生頻度の地域分布（Okuda, 1970 による）

部分とそうでない部分がある．図6-17は台風の構造を示したものである．反時計回りにスパイラル状に積乱雲が中心に向かって吹き込んでいる．降水量は積乱雲がかかったときに集中し，台風が矢印のように進行するにつれ，降水は強弱を繰り返しながら次第に強くなる．この強雨帯の間隔はメソ対流系の空間スケールに相当し，強雨はメソ対流系によるものと言える．

3　シベリア高気圧

　冬の季節風によっても雨あるいは雪が降るが，これはシベリアの高気圧からの北西寄りの風であるため，「高気圧により降水がもたらされる」という点で，降水メカニズムとしては特殊といえる．図6-18で示すように，もともと寒冷・乾燥の冬の北西季節風は，暖流の対馬海流によって熱と水蒸気の供給を受け，暖かく湿った風となる．これが日本列島を越えるとき強制上昇を受け，上空の寒気に触れて，水蒸気を落としてしまい，降水（気温が低い場合は降雪）をもたらす．日本列島にぶつかり西寄りになった風と北西季節風の間で北陸不連続線が形成されると，平地でも多雪となる．太平洋側では北西季節風は乾燥した風となって山を吹き下り，晴天がもたらされる．この時，図6-19に

図 6-16 秋霖と台風の時の雲画像の例
(2005 年 9 月 5 日 15 時, 台風 14 号, 赤外画像)
(気象庁の総合パンフレット, 2008 による)

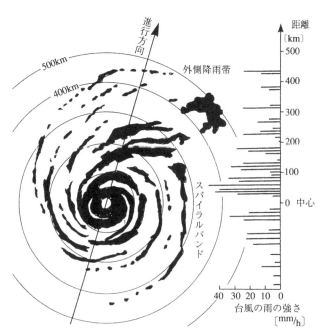

図 6-17 台風の構造と台風に伴う雨の降り方
(丸山ほか, 1995 による)

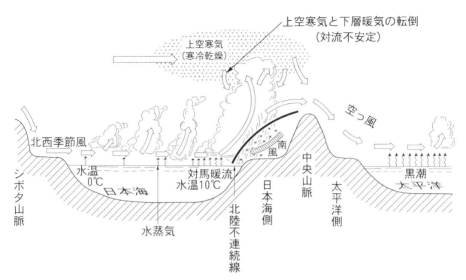

図6-18 冬の季節風による降雪のしくみ（参考図書6による）

図6-19 冬季における天気界（高橋，1961をもとに作成）
太線：天気界の出現頻度15％以上
細線：同10％以上　　破線：同5％以上

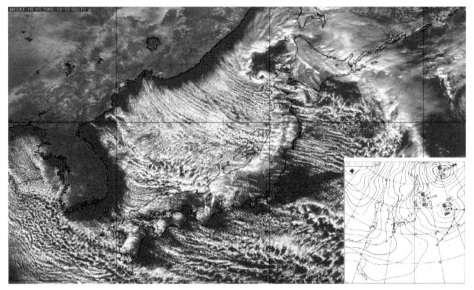

図 6-20 シベリア高気圧に覆われた時の雲画像の例（2005 年 12 月 13 日 12 時，可視画像）（気象衛星センター，2006 a による）

示すように，「日本海側では雪（雨），太平洋側では晴」という明瞭な天気界が形成されるが，天気界は中央山脈よりも（特に中央山脈が低い場合）太平洋側にずれる．ただし，太平洋上では再び熱と水蒸気が供給され，雲が発生する．

　図 6-20 は，北陸地方で大雪が降ったときの雲画像である．日本海は筋状雲で被われているが，この走向はほぼ高度 850 hPa（上空 1,500 m よりやや低い高度）の風向と一致している．筋状雲は大陸からの離岸距離が短く，冬型が強いことがわかる．朝鮮半島の基部から北陸地方にかけての「日本海寒帯気団収束帯（JPCZ：Japan Sea Polar Convergence Zone）」上に，鎖状に連なる「帯状収束雲」が見られる．この中には（画像からは不明瞭であるが）メソ対流系に相当する空間スケールを持つ渦があり，これが日本列島に上陸する地点で大雪が降る．北海道の西岸にも（この画像では低気圧の渦が見られるが）間宮海峡からの同様の雲が発生することがある．JPCZ の北側には，高度 850 hPa の風向とほぼ直角の走向を持ち，全体を取り囲むと逆 V 字状になることから「V 字状雲パターン」と呼ばれる雲がある．これも大雪をもたらす．太平洋側にも筋状雲が発生するが，遠州灘や相模湾では，陸地に近いところから風の収束によって雲が発生していることもわかる．

図 6-21　前島の気候区分（参考図書1による）
凡例は本文中を参照.

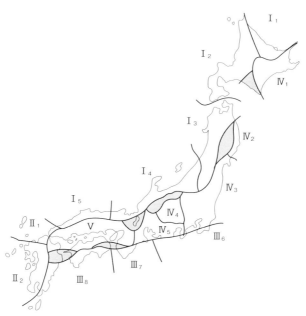

図 6-22　関口の気候区分（参考図書1による）
凡例は本文中を参照.

（4） 日本の気候区分

日本の気候区分にも，第5章で述べたような成因的気候区分および結果的気候区分の例がそれぞれいくつか存在する．代表的なものを紹介しよう．

1　前島の気候区分

日本の成因的気候区分の例で，降水要因と降水の多くなる時期に着目した気候区分である．まず，年間のうちその場所の日降水量を最も多くする要因（温帯低気圧を除く）に着目し，Ⅰ：梅雨による降水量が最も多い地域，Ⅱ：秋霖・台風による降水量が最も多い地域，Ⅲ：シベリア高気圧による降水量が最も多い地域に区分する．それぞれの地域を，A：梅雨が明瞭な地域，B：梅雨の後半のみが明瞭な地域，C：梅雨が不明瞭な地域，および，a：秋霖の後半が明瞭な地域，b：秋霖の前半が明瞭な地域，に細区分する．区分された結果を図6-21に示す．

2　関口の気候区分

日本の結果的気候区分の例で，気温・降水量・日照率・水分過剰量に着目する．総量もしくは平均値を階級区分し，季節変化パターンの不連続となる所に境界線を描いた上で，それぞれの図を重ね合わせる．区分された結果を図6-22に示す．大区分された地域は，Ⅰ：日本海側気候区，Ⅱ：九州気候区，Ⅲ：南海気候区，Ⅳ：太平洋側気候区，Ⅴ：瀬戸内気候区，Ⅵ（アミを施した所）：漸移気候区，のようにそれぞれ呼ぶことができる．

【この章のまとめ】

1　東京の年平均気温は，ほぼ世界の平均値と同じであり，気温の年較差は，同じ緯度の他の地点に比べて大きい方である．

2　日本の年降水量は世界の平均の約2倍で，数時間～数日間の降水量は世界のトップクラスである．降水要因としては，温帯低気圧の他，梅雨，秋霖・台風，シベリア高気圧がある．

3　日本は多くの気圧配置型および気団の影響を受け，天気の変化が激しい．

4　日本の気候区分にも，前島の気候区分に代表される成因的気候区分と，関口の気候区分に代表される結果的気候区分がある．

第 6 章　日本の気候　95

【理解度チェック】

1　日本の降水要因のうち，梅雨と台風について，①いつおこる現象か，②どこで降水が多くなるか，③降水のメカニズムはどう違うか，などについてまとめなさい．

2　今から約 2.1 万年前の氷河時代の最寒冷期（第 7 章参照）には，日本海側ではむしろ現在よりも降雪が少なかったと考えられている．この理由を考えなさい．「温暖化→海面上昇」の逆をヒントに考えるとよい．

　この章のキーワード：

　　　温帯気候，大陸性気候，メソ対流系，温帯低気圧，
　　　梅雨，やませ，秋霖，台風，冬の季節風，対馬海流，
　　　帯状収束雲，前島の気候区分，関口の気候区分

研究課題：日本の河川

　日本の降水特性から考えて，次に示した日本の河川の特徴について考えなさい．

1　図 6-23 に示した河川の比流量（単位時間あたりの流量を流域面積で割ったもの）の地域差について説明しなさい．

2　表 6-2 に示した河況係数（最大流量を最小流量で割ったもの）の特徴を，世界各地と比べ，その理由を考えなさい．

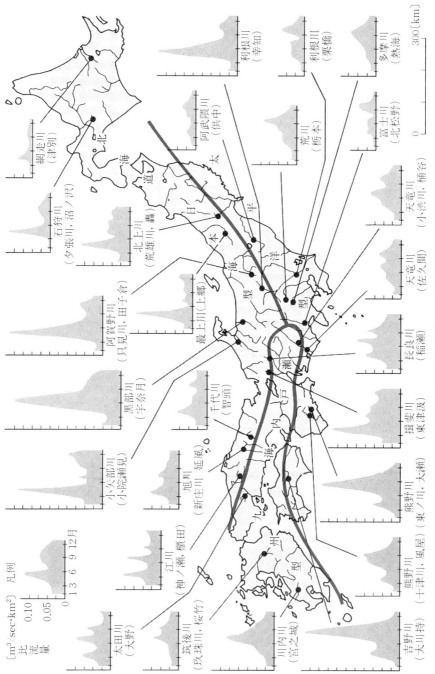

図6-23 日本の主要河川の比流量の季節変化（阪口ほか，1995による）

表 6-2　主要河川の河況係数 （阪口ほか，1995 による）

河 川 名	地 点	河況係数	河 川 名	地 点	河況係数
石 狩 川	橋 本 町	68 (573)	ナ イ ル 川	カ イ ロ	30
十 勝 川	帯 広	141 (1751)	オハイオ川	シ ビ ク リ ー	319
天 塩 川	円 山	76 (512)	オハイオ川	ルーイスビル	271
北 上 川	狐 禅 寺	28 (159)	オハイオ川	メトロポリス	86
阿 賀 野 川	馬 下	46 (190)	テネシー川	パ デ ュ カ	1000
最 上 川	堀 内	67 (423)	ミズーリ川	スー シ チー	176
阿 武 隈 川	木 宮	77 (514)	コロラド川	グランドキャニオン	181
雄 物 川	椿 川	37 (114)	コロラド川	国 境	46
利 根 川	栗 橋	74 (1782)	ミシシッピ川	セントポール	20
鬼 怒 川	平 片	345 (∞)	ミシシッピ川	ク リ ン ト ン	19
信 濃 川	小 千 谷	39 (117)	ミシシッピ川	セントルイス	3
荒 川	寄 居	424 (3968)	ミシシッピ川	ビクスバーグ	21
多 摩 川	石 原	191 (∞)	テムズ川	ロ ン ド ン	8
富 士 川	清 水 端	142 (1142)	ドナウ川	ウ ィ ー ン	4
天 竜 川	鹿 島	74 (1430)	ライン川	バ ー ゼ ル	18
木 曽 川	犬 山	106 (384)	オーデル川	ブ ロ ツ ラ フ	111
黒 部 川	宇 奈 月	1164 (5075)	エルベ川	ド レ ス デ ン	82
常 願 寺 川	瓶 岩	1952 (∞)	セーヌ川	パ リ	34
淀 川	枚 方	28 (114)	ソーヌ川	シ ャ ロ ン	75
紀 ノ 川	橋 本	264 (6375)	ローヌ川	サ ン モ リ ス	35
江 川	川 平	223 (1415)	ガロンヌ川	ツ ー ル ー ズ	167
斐 伊 川	大 津	738 (∞)			
吉 野 川	中 央 橋	658 (∞)			
四 万 十 川	具 同	662 (8920)			
筑 後 川	瀬 ノ 下	148 (8671)			
球 磨 川	横 石	272 (1782)			
大 淀 川	柏 田	125 (337)			
川 内 川	斧 淵	94 (864)			

第7章 変わってきた気候

> この章の学習目標:
> 1 第四紀はどのような時代だったか.
> 2 沈水・離水とはどのような現象で，どのような海岸地形が形成されるか.
> 3 縄文時代が温暖期であったと推定される根拠は何か.
> 4 歴史時代の気候はどのように変化してきたか.
> 5 観測時代の気候はどのように変化してきたか．地球温暖化の議論が出てきた背景もあわせて考えてみよう.

（1） 第四紀の気候変化と氷河性海面変動

　過去258万年間を第四紀と呼ぶ．この期間は，図7-1に示すように気候が激しく変化した時代で，寒冷な時期には氷河が拡大していた．過去約100万年の間でも確実なもので4回，恐らくあっただろうとされるものでも6回の氷期（氷河時代）があったとされ，ヨーロッパでは古いものから順にギュンツ氷期，ミンデル氷期，リス氷期，ヴュルム氷期（その前にビーベル氷期，ドナウ氷期があったらしい）と呼ばれている．氷期と氷期の間は間氷期と呼ばれる温暖期であった．最も新しい氷期（最終氷期）はおよそ7.5万年前に始まり，2.1万年前が最も寒冷で，1.17万年前に終了した．最終氷期の最寒冷期には，図7-2に示すように，現在の約3倍の面積，地球表面の約28%が氷河に覆われていたとされる．また，最も新しい間氷期（最終間氷期）は，およそ13.1〜11.6万年前に存在したとされる.

　最終氷期の最寒冷期の氷床の最も拡大したようすを示したものが前出の図7-2である．ヨーロッパではスカンジナビア半島を，北アメリカではラブラドル半島を，それぞれ中心とした氷床が存在し，ヨーロッパではベルリンとロンドンを結ぶ線のあたりまで，北アメリカでは五大湖の南まで拡大していた．ア

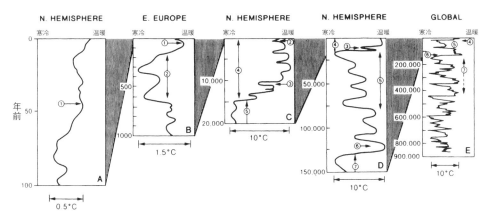

図 7-1　過去約 90 万年間の気候変化（参考図書 c による）
A：0~80°N における 5 年移動平均した地上気温の変化
B：東ヨーロッパにおける冬の気温の変化
C：アルプスの氷河などから推定した北半球の気温変化
D：海面水温などから推定した北半球の気温変化
E：深海コアから推定した全球上の氷の容積変化
①1940 年代の高温期，②小氷期，③ヤンガードリアス期，④後氷期，⑤最終氷期，⑥最終間氷期，⑦最終間氷期前の氷期

図 7-2　北半球での氷河の現在の分布，および最終氷期における最大の拡がり（参考図書 b による）

ルプス山脈やロッキー山脈の山岳氷河も現在よりも低所まで達していたことが，氷河地形や氷河性堆積物からわかっている．

　かつて氷床の覆っていた地域では，現在では酪農が卓越する．すなわち，氷河の先端は，寒冷化に伴い低所側あるいは低緯度側に拡大する．その際，氷河は地表の土壌を，さながらブルドーザが剥ぎ取るように侵食していく．したがって，氷河に覆われた地域は，融氷水が氷河末端のモレーンの構成物質を運搬してできた堆積物などが見られるものの，地表付近に栄養分がほとんど含まれていない．そのため土地がやせており，穀物栽培には向かない．しかし，牧草などの栽培は可能で，さらに家畜の排泄物で地力を多少は高めることが可能になるため，酪農が卓越するのである．これに対して，氷床のあった地域の低緯度側では，モレーンなどの氷河性堆積物起源の物質が風に飛ばされ細かい砂になって堆積した．これがレスで，草原地帯で腐植を多く含んだものがチェルノーゼムやプレーリー土，パンパロームなどの肥沃な黒色土壌である（補遺2参照）．レスやチェルノーゼムなどの分布地域は，小麦やトウモロコシなどの大産地となっている．

　表7-1に最終氷期の最寒冷期と現在の植生の割合を示す．世界全体でも熱帯，温帯，冷帯の森林は現在よりも狭く，氷床近くには極砂漠やツンドラが広がっていたほか，砂漠やステップ，サバンナ（サバナ）は広かったとされる．また，海水温も熱帯ではわずかに低下していたものの，流氷が現在よりも南下し，氷床近くでは約10℃低かったとも考えられている．

表7-1　最終氷期の最寒冷期と現在の植生の占める面積

(Adams, et. al., 1990 をもとに作成)

植生	最終氷期の最寒冷期の植生の割合（百万km²）	現在の植生の割合（百万km²）
熱帯雨林，熱帯低木林	18.4	34.1
草原，サバンナ	33.9	27.9
半砂漠，ステップ	15.9	10.7
砂漠	29.5	17.2
温帯林	3.4	16.9
冷帯林	3.7	16.8
極砂漠，ツンドラ	17.4	9.0
氷河，氷床	33.4	14.6
陸地総面積	165.3	150.1

表中にない植生もあるため合計は総面積と一致しない．

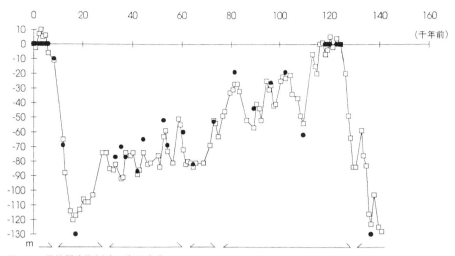

図7-3 最終間氷期以降の海面変化（貝塚編，1997による）
　四角形を結んだ曲線：深海底コアの分析から得られた酸素同位体比（$\delta^{18}O$：後出）の変化から導かれる海面変化曲線．黒丸：多くのデータをもとにしたヒュオン半島に分布するサンゴ礁段丘の形成年代と形成時の海面高度．

　気候変化に伴い，海面の高さも変動する．すなわち，温暖化の時期は海面が上昇し，これは海水の膨張やアルプス山脈・ヒマラヤ山脈の山岳氷河の融解，およびグリーンランドや南極の氷床の融解（これらの氷床はさほど海面上昇には寄与していない）が原因である．寒冷化の時期は海水の収縮や山岳氷河の拡大などにより海面が低下する．このような海面の高さの変動を氷河性海面変動と呼ぶ．これを示したものが図7-3で，温暖期（特に最終間氷期）の海面上昇や，寒冷期（特に最終氷期の最寒冷期）の海面低下が読み取れる．

（2）沈水と離水

　以前は後出のリアス海岸などは，地殻変動による陸地の低下＝沈降によって成因が説明されてきた．しかし，地殻変動が活発でない地域でもリアス海岸などの地形が見られることに加え，氷河性海面変動の考えが明らかになり，沈水や離水の考えが定着するようになった．

　地殻変動による陸地の沈降に加え，温暖化に起因する海面上昇により，陸地が相対的に低下する現象を沈水という．大河の河口が沈水してできた三角江（エスチュアリ）や，谷の多い山地の沈水によるリアス海岸が例である．図7-

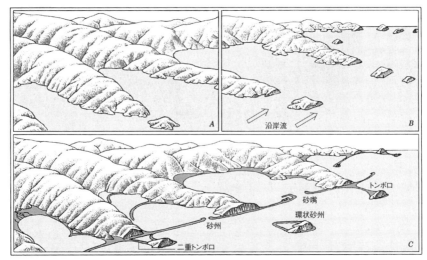

図 7-4　沈水海岸の発達（参考図書 a による）
A → C の順に発達する．

4 に沈水海岸の発達のようすを示すが，鋸歯状のリアス海岸に沿岸流が図の左下から右上へ流れていると，海に向かって張り出しているところが侵食され，侵食によって生じた物質が運搬され，湾の入口に堆積し，砂嘴や砂州が形成される．沖合の島と陸地を結ぶ砂州はトンボロ（陸繋砂州）とよばれる．

　地殻変動による陸地の隆起に加え，寒冷化に起因する海面低下により，陸地が相対的に上昇する現象を離水という．浅い砂浜海岸が徐々に離水してできる海岸平野や，岩石海岸が急激にかつ不連続に離水してできた海岸段丘が例である．図 7-5 は海岸段丘の模式図を示すが，波の侵食によってできた海食崖が段丘崖に，侵食されてできた物質が堆積してできた海食台が段丘面になる．

　ここで，もし海水準変動だけで海岸段丘が形成されると仮定すると，海岸段丘の高さは同じになるはずである．ところが狭い範囲でもそうなっていない．図 7-6 は関東平野における下末吉面（S 面）とよばれる海岸段丘の高さの分布を示したもので，一様になっていないことがわかる．これは，▼の地点を中心に関東平野が沈降する関東造盆地運動が見られることを意味する．日本列島は山地が世界のトップレベルの速さで隆起している反面，多くの沖積平野は沈降しているとされる．

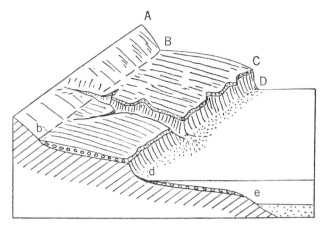

図 7-5 海岸段丘の発達（町田，1984による）
 AB：旧海食崖，BC：段丘面，CD：段丘崖（海食崖），Bb：隆起汀線（旧汀線），Dd：汀線，de：海食台

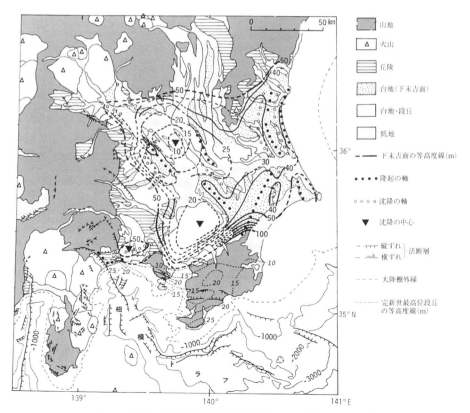

図 7-6 関東の第四紀後期の地殻変動（貝塚ほか編，2000による）

（3）　最終氷期の気候

　最終氷期の気候がどうであったか，それは何からわかるかをみていこう．

　最終氷期の気候をより詳しく推定すべく，三方湖（福井県）付近のボーリング試料を用いた花粉分析を図7-7に示す．もとの図は30 m以上の深さ，約4万年前以降の分析結果を示し，この図は深さ約9 m，18,000年前以降の分析結果である．その際，木片などの生物遺体中の^{14}Cの濃度を測ることにより年代（正しくは「1950年から何年前」）を決定する．すなわち，^{14}Cは6つの陽子と8つの中性子を含むが，約5,700年かけて崩壊し，濃度は半分になる．

$$2^{14}C \rightarrow {}^{14}C + {}^{14}N + e^-$$

たとえば，^{14}Cが大気中の濃度の1/4しか生物遺体中に存在しなかったなら，その生物遺体が大気と炭素を交換しなくなってから約11,400年が経過していることになり，その生物遺体が埋まっていた地層が約11,400年前のものであると推定する．

　およそ15,000年前より古い時代の地層には，モミやツガ，五葉マツといった寒冷地に生育する植物の花粉が多く含まれている．同様の花粉分析の結果は各地で得られており，最終氷期の最寒冷期には，当時の東京が年平均気温で現在よりも7〜8℃低く，現在の帯広と同程度だったと推定されている．15,000年前以降は，多雪地帯に生育するハンノキの花粉が多くなる．これは，しだいに温暖化が進み，海面が上昇し，日本海に本格的に暖流の対馬海流が流入したことを意味する．逆に言えば，15,000年以前の寒冷期には，海水の収縮や，積雪・氷河の面積増加による河川水の海面への流入減少のため，100 m以上海面が低下していた．そのため対馬海峡・朝鮮海峡が現在よりも狭く，場合によっては日本と朝鮮半島がほとんど陸続きで，対馬海流の流入が少なく，雪をもたらす要件を欠いていた．

（4）沖積平野と気候変化

　河川の堆積作用によって形成される平野が沖積平野で，特に最終氷期以降の完新世に形成されたものを完新世平野という。河川は，風化を受けた物質が下方や側方へと除去される侵食作用によって生じた物質を運搬し，流速が遅くなった地点で重力によって下から順に，また径の大きいものから堆積させる。

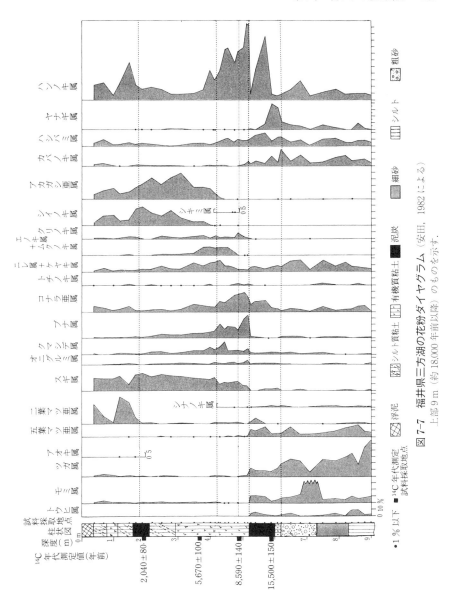

図 7-7 福井県三方湖の花粉ダイヤグラム（安田，1982による）
上部 9 m（約 18,000 年前以降）のものを示す．

沖積平野には図7-8のようなものが含まれる。河川の上流側の斜面で，その中の水分の凍結・融解や，それ自体の膨張・収縮の繰り返しといった風化（化学反応を伴わない物理的風化）を受けて落下した物質は，河川によって侵食・運搬され，まず谷口に堆積する。ここに形成されるのが扇状地で，おもに径の大きい礫から構成されるため，河川水は伏流する。そのため根を地中に深く張る果樹園や桑畑の利用が卓越する。また，河口では流速が0になり，ほぼすべての物質が堆積する。ここに形成されるのが三角州で，径の小さいシルト〜粘土から構成されるため水はけが悪く，水田の利用が卓越する。また地震の発生時には，津波に加え，図7-9に示すように，粘土などの分子の間に働く力が弱まり地層が液体状に振る舞う液状化現象が発生しやすい。さらに台風など発達した低気圧の接近時には，図7-10に示すように，気圧の低さによる吸い上げと風による吹き寄せがもたらす高潮の被害を受けやすい。

　扇状地と三角州の間には，河川の両側に洪水時に運搬された砂が堆積した自然堤防や，洪水時にあふれた河川により自然堤防の背後にシルトが堆積した後背湿地が形成される。ここで河川の短絡（人工的に短くする場合もある）があると，かつての河道は三日月湖となり，灌漑用のため池や洪水時に一時的に水をためておく遊水池に利用される。

　これらの沖積平野は，どちらかといえば寒冷化，海面低下が進む時期の方が

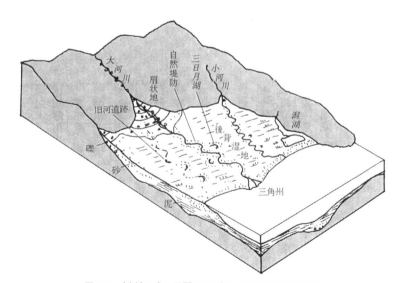

図7-8　川がつくる平野のモデル（参考図書4による）

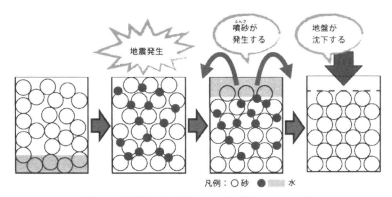

図7-9 液状化のしくみ（国土地理院のHPによる）

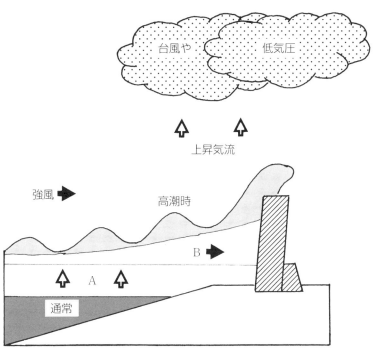

図7-10 高潮発生時の潮位変化（気象庁のHPより作成）
A：台風や低気圧による吸い上げ
B：風による吹き寄せ

形成されやすい。寒冷化は通常寒冷・温暖を繰り返して進むが，寒冷期には水分の凍結・融解が進みやすく，物理的風化を受けた物質が多く生産される。温暖期は降水量，河川の流量が増え，侵食された物質の運搬量が多くなる。ま

た，海面が低下すれば海中に没する三角州が少ないためでもある。

また，沖積平野をはじめとする平野が離水したものが台地（更新世台地：更新世は第四紀の完新世以前の時代を指す）であり，前出の海岸段丘や，河川沿いの階段状地形である河岸段丘が含まれる。図7-11に示すように，河岸段丘は下流側では寒冷期に海面低下に伴う河床の低下によって形成される。これに対し，上流側では寒冷期に斜面で侵食を受けた物質が河床に落下・堆積し，河床は上昇するが，温暖期に降水量・河川流量の増加により河床に堆積した物質が下流へ流され，河床は低下する。

（5）後氷期〜歴史時代の気候変化

最終氷期は，ヤンガードリアス期と呼ばれる短い寒冷期（図7-7からは不明瞭）で約1.17万年前に終わる。完新世に入ると，気候は急速に温暖化に向かった。約8,500年前以降の地層からは，落葉広葉樹のブナやコナラの花粉を多

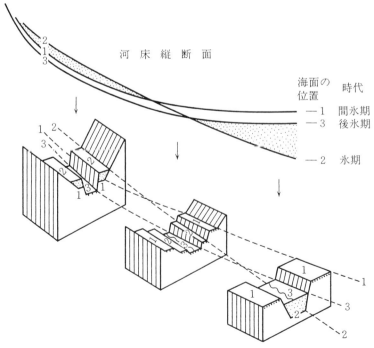

図7-11　河川の堆積・侵食による河岸段丘形成のモデル（参考図書4による）

く含み，また湿潤を反映するスギの花粉が増えることから，その後も温暖化・湿潤化の傾向は続いたことがわかる．約 5,700 年前以降の地層からは，常緑広葉樹のアカガシやシイノキの花粉が増える．これらのことから，縄文時代は温暖期であり，ヒプシサーマルもしくは気候最良期と呼ばれる．

　その後，気候は寒冷化に向かう．紀元前後にかけてシイノキ・アカガシは徐々に減少し，これ以降はハンノキや二葉マツが増えて，気候は寒冷・多雪に変わっていった．一時これらの花粉は減り，温暖化が認められるものの，大きな流れとしては，現在にかけて，再び寒冷化の傾向が認められる．また，新大陸の冷帯を中心に行われている年輪による気候復元の例を図 7-12 に示す．北アメリカなどでは樹齢数千年の樹木が多く残っている．これを伐採したときに現れる年輪の幅を調べ，樹木の生長量が大きい時期＝高温期もしくは多雨期と推定するものである．ただし，気温と降水量のどちらが樹木の生育にとって有効であったか，不明な点も残されている．大まかな傾向を見ると，北米大陸西海岸では紀元前 3,500～2,800 年にかけて寒冷化（もしくは乾燥化），その後一時的に温暖化（もしくは湿潤化）する．紀元前 1,300 年ごろには寒冷化が始まり，紀元前後にやや温暖に転じるものの，900 年ごろまで寒冷期が継続する．その後 12 世紀にかけて急速に温暖化し，15 世紀にかけて寒冷化，19 世紀以降は温暖化したと考えられる．

　約 1,000 年前からは，日記などの古文書が気候の復元に活用できる．この時代の気候を「歴史時代の気候」と呼ぶ．しかし，書いた人の個人差，日記のつけ忘れや記録漏れ（夜間の天気は現在と違いほとんどわからない）などがあるので，場合によっては結果を過大（過小）評価する必要がある．

　歴史時代の気候は，ヒプシサーマル（気候最良期）に比べて寒冷であった．そのうち，地域によって異なるが，10～13 世紀ごろは小気候最良期（中世気

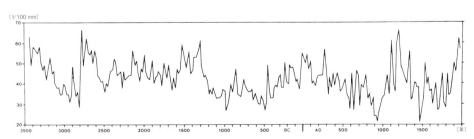

図 7-12　カリフォルニア州ホワイト山地の樹木の年輪幅（Lamb, 1995 による）
20 年間移動平均で表示してある．

候異常期）と呼ばれる温暖期，15〜19世紀ごろは小氷期と呼ばれる寒冷期であった。これをいろいろな記録から検証しよう。

1　日本

　平安〜室町時代には，京都の貴族の書いた日記が残っている。この中から天気に関する記録をまとめ，気候を推定することができる。表7-2は，京都の12〜2月における降雪日の降水日に対する割合を示したものである。10〜12世紀の平安時代は降雪日率は低かったが，15世紀後半の室町時代にかけて高くなる。京都御所で気象観測が行われていた明治時代末（1893〜97年）の降雪日率が0.620であったこと（後出の図7-18に示されるように，この時期は現在よりも寒冷だった）を考えると，平安時代は現在より暖冬の傾向，室町時代は現在並みか現在よりも寒冬であったと考えられる。他にも，花見などの日付を平安時代と室町時代について比較すると，平安時代のほうが日付はおおむね早く，春の訪れも早いと考えられる。

　表7-3は，5〜9月の降水日数を，12世紀前半の日記『殿暦』と，15世紀後半の日記『後法興院記』で比較したものである。『殿暦』の書かれた時代のほうが降水日数が少なく，『後法興院記』の書かれた時代の降水日数は，記入漏れを考えると，現在よりも多かったと見るべきであろう。したがって，平安時代後期は高温で空梅雨気味の，室町時代後期は天候不順の冷夏が多かったと推定される。

　室町時代中頃以降は，徐々に記録の残っている場所が増え，江戸時代になると，各藩の日記から全国の天気分布もわかるようになってきた。図7-13は弘前藩の日記から求めた降水頻度の変化である。春と冬の傾向は似ており，秋は夏・冬の中間の特徴を持っている。17世紀末〜18世紀初めは冬の降雪日・夏

表7-2　古日記による降雪日率の変化（山本，1983をもとに作成）

日記（期間）＼天気	（Ⅰ）御堂関白記（998-1021）	（Ⅱ）御二条師通記＋殿暦（1083-1119）	（Ⅲ）玉葉（1164-1200）	（Ⅳ）明月記（1180-1235）	（Ⅴ）円太暦（1344-1360）	（Ⅵ）看聞徐記（1416-1448）	（Ⅶ）後法興院記（1466-1505）	（Ⅷ）実隆公記（1474-1533）	（Ⅸ）言経卿記（1576-1596）
雨日数(R)	103	221	171	289	38	173	583	230	93
雪日数(S)	47	126	97	195	23	168	513	197	55
降雪日率 $\left(\frac{S}{R+S}\right)$	0.313	0.363	0.326	0.403	0.377	0.493	0.468	0.461	0.372

表 7-3 「殿暦」と「後法興院記」における 5〜9 月の降水日数 (山本, 1983 をもとに作成)

	殿暦 (1101〜1118) (計 15〜17 年分)	後法興院記 (1466〜1505) (計 29〜30 年分)	京都 (1881〜1950)
5月	4.1	11.8	13.1
6月	5.2	13.9	15.1
7月	5.2	13.5	14.5
8月	3.8	12.8	12.1
9月	5.4	14.0	15.4

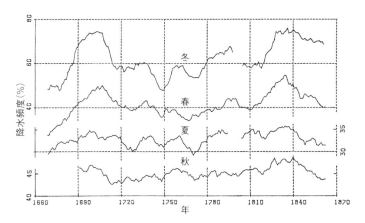

図 7-13 弘前における江戸時代の 11 年移動平均した平均降水頻度の経年変化 (前島・田上, 1983 による)

の降雨日とも多く,冷夏・寒冬の時期であった.18 世紀中頃は暑夏・暖冬の時期もあったが,18 世紀後半からは冷夏の傾向が,1820 年ごろからは寒冬・多雪の傾向が,江戸時代末まで続いた.

また,天明の大飢饉を含む 1780 年代の気候を詳細に復元し,1970 年代後半の天候と比較したのが図 7-14 である.飢饉のひどかった 1783 年と 86 年は全国晴 (G) の天気図型の頻度が低く,前者では全国雨 (A) の,後者では西南日本雨 (W_1) の天気図型の頻度が高い.逆に 1781・85・90 年は全国晴の天気図型の頻度が高い.しかし,冷夏の 1976 年と 1783・86 年の全国晴の天気図型の頻度はほぼ同じで,大冷夏の 1980 年よりも高い.暑夏の 1978 年よりも,天明の大飢饉に含まれる 1785 年のほうが全国晴の天気図型の頻度は高い.このことから,歴史に残る大飢饉時の天候は現在でも生じうること,また飢饉の期

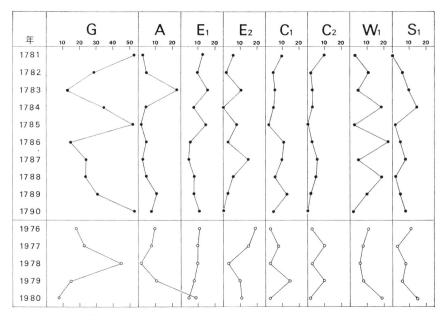

図 7-14 1780年代と1970年代の7・8月における主要天候分布型の出現率（％）(三上, 1983 による)

G：全国晴, A：全国雨, E_1：東北北部雨, E_2：東日本（東北～中部）雨, C_1：中部・関東雨, C_2：関東雨, W_1：西南日本（関東以西）雨, S_1：九州雨を示す.

間中にも暑夏も存在しうることがわかる.

2 世界

図 7-15 は，グリーンランドの氷床から採取したコアの $\delta^{18}O$ 値（酸素同位体CC）の変化を示している. $\delta^{18}O$ 値は以下の式で計算される.

$$\delta^{18}O = \{{}^{18}O/{}^{16}O(サンプル) - {}^{18}O/{}^{16}O(標準海水)\} \div {}^{18}O/{}^{16}O(標準海水) \times 1000$$

ここで，抜き取った氷が何年前のものであるかは，氷河の成長速度から計算したり，含まれている火山灰の年代から決める. 通常，この値は負になるが，寒冷期ほど値は小さくなる. ^{18}O は陽子が8，中性子が10の酸素同位体で，中性子が2個多い分，通常の酸素原子より重い. したがって，寒冷期になると ^{18}O を含んだ水は蒸発しにくくなり，大気中の水蒸気を起源とする降雪・積雪（積雪が圧縮されて氷河になる）にも ^{18}O は少なくなる. ゆえに，$^{18}O/{}^{16}O$（サンプル）の項が寒冷期ほど小さくなるためである. 現在ではこの方法によって，約 3,000 m の氷柱コアから過去 100 万年間以上の気候の変化まで推定可能に

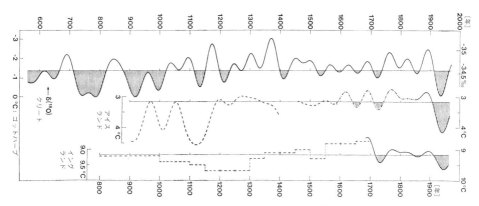

図 7-15 グリーンランド中央部，クリートの氷柱コアから求めた $\delta^{18}O$ の変化（Dansgaard et al. 1975 による）比較のためゴットハーブ（グリーンランド）の気温（推定値）との対比などを示す．

なってきた．8世紀～12世紀はおおむね温暖であったが，14世紀後半には著しく寒冷化した．15世紀中頃～16世紀初めや，18世紀中頃～19世紀末の寒冷化，さらには数十年周期の細かい変動も認められる．

表 7-4 は長江流域の湖・河川の結氷や華南の降雪の記録を，表 7-5 はスイスにおけるワインの生産の多かった（少なかった）年を示している．これより，中国では15世紀中頃から寒冷化が始まり，17世紀後半には最も寒冷になった．19世紀後半も同様に寒冷だったことも認められる．また，ヨーロッパでは16世紀後半～17世紀前半と17世紀末～18世紀初め，18世紀中頃，19世紀初めが寒冷期であったと考えられる．

絵画などからも，気候を推定することが可能である．図 7-16 はアルプス山脈を描いた19世紀前半の絵画と20世紀後半の写真であるが，19世紀前半は氷河が拡大していたことがわかる．他にも氷結したオランダの運河やテムズ川を描いたものがあり，これからも当時が寒冷であったことが推定される．これらのことから，場所によって異なるものの，15～19世紀の小氷期は，現在よりも寒冷な時期であったと考えられている．また，タリム盆地とその周辺のオアシスの分布を示した図（いわば絵地図）をみると，唐の時代にオアシスが多く，元の時代には少ないことがわかる．これは，唐代は温暖で，元代は寒冷であったことを示している．タリム盆地の北のテンシャン山脈や，南のクンルン山脈は，現在でも万年雪や氷河が見られ，氷河の融けた水が盆地の周縁部にオアシスを形成する．夏に高温の方が融氷水が多くなるが，同時に空気中の水蒸

114

表 7-4 長江流域の河川・湖沼の結氷，および華南（22～25°N）の低地で降雪・降霜の記録
（Chu, 1973 をもとに作成）

世　紀 （前半／後半）	長江流域の結氷記録	華南の低地の 降雪・降霜記録
12 前	11 洞	
13 前	19 淮	45
14 前	29 洞	
後	53 洞	
15 前	16 漢，49 漢	15, 49
後	54 洞淮，76 洞，93 漢	
16 前	03 洞，10 太，13 太洞鄱，19 漢，29 漢	09, 12, 22, 32, 36, 37, 47, 49
後	50 淮，64 淮，68 洞，70 鄱，78 洞	78
17 前	19 淮，20 漢，21 太漢，40 淮	02, 06, 21, 35, 36
後	53 太漢淮，54 洞，60 漢，65 洞，70 鄱漢淮， 71 淮，83 洞，90 太漢淮，91 淮	54, 55, 56, 81, 82, 83, 84
18 前	00 洞，15 淮，20 淮	11, 13, 21, 29, 37, 42
後	61 洞	57, 58, 63, 68, 81
19 前	30 漢，40 鄱，45 淮	24, 31, 32, 35, 40, 46
後	61 鄱洞，65 鄱漢，71 漢，77 洞太漢，86 漢， 93 洞，99 漢	54, 56, 62, 64, 71, 72, 78, 82, 83

年次はたとえば「13 前の 45」は 1245 年を，また 太：太湖，鄱：鄱陽湖，洞：洞庭湖，漢：漢江，
淮：淮河を示す．

表 7-5　スイスにおけるワインの平均以下の生産年と異常生産年（Pfister, 1981 による）

期　　間	年数	平均以下	大豊作（168% 以上）	大凶作（51% 以下）
1525～1569	45	47%	1540, 1552, 1557	―
1570～1629	60	67%	1611, 1616	1587, 1588, 1589, 1592 (F ?), 1628
1630～1688	59	49%	1630, 1631, 1637, 1645, 1661, 1677, 1679, 1683	1642, 1648, 1663
1689～1717	29	72%	1707	1693 (F), 1708, 1709 (F)
1718～1739	21	43%	1718, 1719, 1724, 1727, 1729, 1739	1738 (F)
1740～1773	34	56%	1761	1740 (F), 1741, 1758, 1770
1774～1798	25	20%	1775, 1781, 1788, 1794	―
1799～1825	27	52%	1804, 1807	1800, 1810, 1813, 1814, 1815, 1816, 1817, 1821

F は広域の大霜害による収穫の減少を意味する．

図7-16 同じ地点から見たスイス・アルプス山脈の氷河のようす（Lamb, 1995による）
上段：1820年の絵画　　下段：1974年の写真

気が多くなり，降水（降雪）量も多くなる（この地域の降雪は春から夏にかけて多い）．すなわち，温暖な時代の方が，降雪量・融氷量とも多くなり，オアシスの数も増えるのである．そのため唐代はタリム盆地の交通路，後のシルクロードの通行が容易であったのに対し，元代は通行が困難であったと推定されている．

小氷期の理由として考えられるのが，太陽活動と火山活動である．17世紀後半を中心とする時期は，太陽黒点がほとんどないマウンダー極小期に相当し，太陽活動が活発でなかったとされる．また，氷床から採取したコアから，小氷期では氷の酸性度が強く，火山活動が活発だったとされる．火山活動に伴い大気中に放出された火山灰（正確には硫酸エアロゾル）が太陽放射を遮り，気温低下を招いたと考えられている．

（6） 観測時代の気候

小氷期が終わったのは，場所によって多少異なるものの，19世紀の中頃～末とされている．これを，400年以上の記録があるイングランド中央部の気温変化（図7-17）から確かめると，17世紀末に著しい低温期があり，18世紀中頃～19世紀末の冬季は何度かの寒冷期があった．一方，夏季は1810年代や1840年代に低温期があった．19世紀末に一度寒冷期があり，その後は温暖化の傾向にあり，この時期が小氷期の終わりと考えられる．

17世紀中頃以降の，気象測器による復元が可能な時代の気候を「観測時代

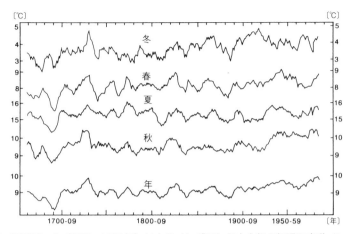

図7-17 観測データ（1659〜1985年）によるイングランド中央部の気温の変動（Lamb, 1995による）
10年移動平均で示してある.

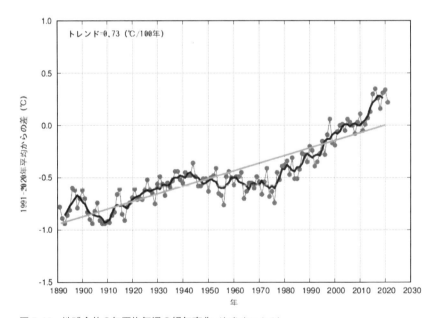

図7-18 地球全体の年平均気温の経年変化（気象庁による）
黒丸は各年の平均気温の平年との差を，なめらかな線は平年差の5年移動平均を，直線は長期的傾向を示す.

の気候」と呼ぶ．19世紀末以降は，北半球では一応の観測網がそろい，20世紀以降は陸域の気温変化がほぼ議論可能になる．南半球まで含めた精密な地球全体の気候変化の議論は，太平洋の島嶼での観測値がそろう20世紀中頃まで待たなくてはならない．過去約100年間の陸域の気温の変化を示したものが図7-18である．1920年ごろから徐々に気温は上昇し，1940～60年ごろにはピークに達した．その後は徐々に低下傾向にあり，1970年代は日本では冷夏・寒冬が頻発した．ところが1970年代末から気温は急激に上昇するようになった．気温の上昇のしかたが急であり，かつ，通常ならこのまま寒冷化傾向が続くものが上昇に転じたものだから，人為による気候変化 = 地球温暖化が論じられるようになった．さらに近年の数値実験からは，20世紀半ばまでは太陽活動と火山活動の変化で地球全体の気温の変化が説明できるが，それ以降の気温の変化は後述のような温室効果ガスの増加を考えないと説明できないこともわかってきた．

コラム③：プレートテクトニクスからみた日本の地形

　地球表面から厚さ約 100 km の範囲の岩石圏（リソスフェア）が十数枚のプレートで構成され，プレートの発生・移動・消滅で地震の発生などの地学的現象を説明するのがプレートテクトニクスである。これによれば，図 7-19 に示すように日本列島は太平洋プレートが北米プレートの下に，フィリピン海プレートがユーラシアプレートの下に，それぞれ衝突し沈み込む位置にある。沈み込みの位置が海溝（6000 m より深いところ），トラフ（6000 m より浅いところ）に相当する。このことから，次の①〜④のような地学的現象が説明され，それらをまとめたものが図 7-20 である。

① 山地は隆起中，一方で平野は沈降地域：プレートが沈み込む位置では，上盤側が上昇し下盤側が下降する逆断層のような動きがみられる。そのため，上盤側に乗っている日本列島は隆起し，その速度は世界のトップクラスである。ところがこの隆起速度は一定ではないため，場所によっては沈降地域になってしまう。こうして隆起地域／沈降地域の双方が見られ，隆起地

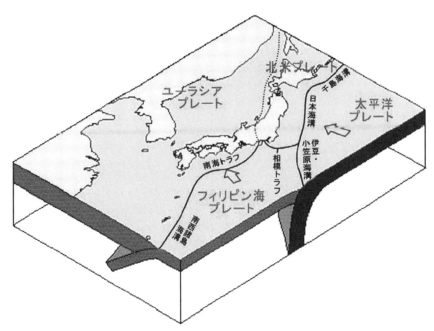

図 7-19　日本列島周辺のプレート（国土地理院の HP による）

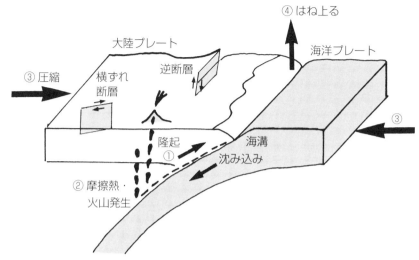

図 7-20　プレートと日本の地学的現象（国土地理院の HP より作成）

域が山地，特に隆起速度が大きいのが日本アルプスなどの高峻な山地に相当する。逆に沈降地域は関東平野などの大平野に相当する。関東平野は中心部で沈降，周辺部で隆起しているため，下末吉面の高度は図 7-6 のようになる。

② 火山が多い：プレートの沈み込みの際に生じる摩擦熱によって形成されるマグマが，地表の弱いところを破って噴出したものが日本の火山で，特に東北日本に多い。これらの火山は海溝からある程度離れたところでないと見られない（火山の東縁を結んだ線を火山フロントと呼ぶ）。これは，海溝からある程度の距離を置かないと発生する摩擦熱が火山を噴出させるのに十分ではないことに起因する。

③ 内陸型地震が多く，活断層がみられる：北米プレートやユーラシアプレートは圧縮の力を受けており，プレート内部に圧縮の力に対して弱い部分があると動くことがある。この時に内陸型地震が発生し，2016 年 4 月の熊本地震はこの例である。こうしてできた地形が断層（地震断層）で，このうち第四紀に動いた形跡があり，今後も動くと考えられているのが活断層である。図 7-21 は日本全体の活断層の分布を示したものである。

④ 海溝型地震や津波が発生する：通常は北米プレート・ユーラシアプレートが，太平洋プレート・フィリピン海プレートの沈み込みに伴い地球内部に

引きずり込まれるような状態になっているが，時々反発し，はね上がるような動きをみせる。この時に地震や津波が発生し，2011年3月11日の東北地方太平洋沖地震（東日本大震災）はこの例である。

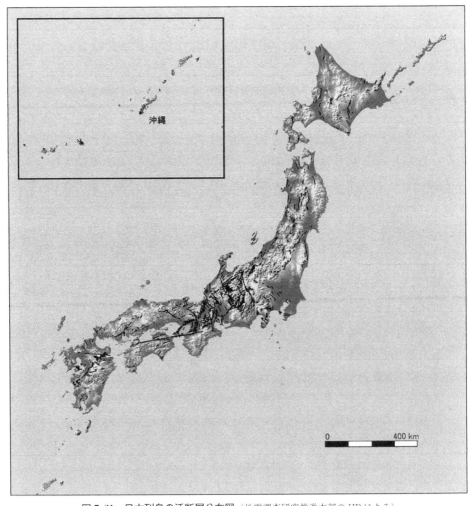

図7-21　日本列島の活断層分布図（地震調査研究推進本部のHPによる）

【この章のまとめ】

1 第四紀は気候変化が激しかった時代で，過去約 100 万年の間でも 4〜6 回の氷期（氷河時代）があったとされる．

2 気候の変化に伴い海面の高さも変化し，沈水・離水による海岸地形が形成される．

3 約 2.1 万年前の最終氷期の最寒冷期には，スカンジナビア半島およびラブラドル半島を中心に氷床が拡がっていた．氷床の影響を受けた地域では酪農が卓越している．この時期の東京の気候は，年平均気温で現在よりも 7〜8℃ 低かったと推定されている．また，海面が 100 m 以上低下し，日本海への対馬海流の流入は少なかったと推定される．

4 縄文時代は，ヒプシサーマルもしくは気候最良期と呼ばれ，現在よりも温暖な時期であった．

5 8〜12 世紀（場所によって時期が多少異なる）は，小気候最良期と呼ばれ，縄文時代ほどではないものの，現在よりやや温暖な時期であった．

6 14〜19 世紀（場所によって時期が多少異なる）は，小氷期と呼ばれ，1700 年前後や 1800 年前後など，冷夏・寒冬が続いた時期もあった．

7 19 世紀後半から気候は温暖化に向かい，この傾向は 20 世紀中ごろまで続いた．その後，寒冷化に向かった気候は，1970 年代後半から急速に温暖化に向かい，「地球温暖化」が議論されるようになった．

【理解度チェック】

以下の理由を考えなさい．

1 氷床があった位置の現在の気候は，世界全体のケッペンの気候区分図（図5-9）を見ると，C気候（温帯）の高緯度側，あるいはD気候（冷帯）のどちらかといえば低緯度側であり，D気候の高緯度側～E気候（寒帯）ではない．これはなぜか．氷河は「降った雪が，新雪が積もることによって圧縮され，密度が小さくなり氷となったものが融けずに夏を越すことによって形成される」ことを参考に，理由を考えなさい．

2 図7-22は，関東平野の貝塚の分布を示している．貝塚は「食料とした貝類の殻が堆積した遺跡」であるが，現在よりも内陸に多く分布するのはなぜか，遺跡の時代の気候から考えてみなさい．東京近辺に住んでいる読者

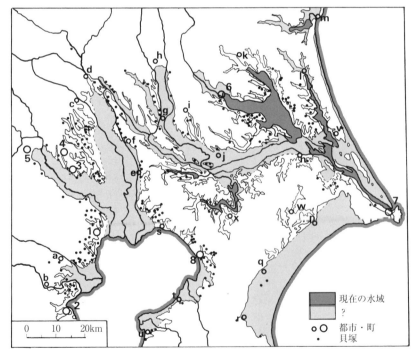

図7-22 関東平野の貝塚の分布（東木，1926を改変）
「？」で示した地域は何に相当するだろうか．
1：東京，2：横浜，3：浦和，4：大宮，5：川越，6：土浦，7：銚子，8：千葉，a：宮前，b：川和，c：久喜，d：栗橋，e：流山，f：野田，g：水海道，h：下妻，i：谷田部，j：龍ヶ崎，k：石岡，l：鉾田，m：磯浜，n：佐原，p：八日市場，q：東金，r：茂原，s：船橋，t：姉ヶ崎，u：木更津，v：鹿嶋，w：多古，x：佐倉

なら，大森貝塚の位置から考えてみるとよい．東海道線の上り電車で大森駅を過ぎてすぐの進行方向左側（山側）に大森貝塚の碑が見える．なぜ右側（東京湾側）でないのだろうかを考えてみてもよい．

また，この図を含む東京の地形は，気候の変化とともに形成されてきたことが知られている．関東地方に居住する学生諸氏は，最終間氷期以降の気候変化と東京の地形発達を関連づけてまとめてみるとよいだろう（研究課題としてもよい）．貝塚爽平著『東京の自然史』講談社学術文庫はやや難しいが，よい参考書である．

この章のキーワード：

第四紀の気候，沈水，離水，最終氷期の気候，後氷期の気候，花粉分析，ヒプシサーマル（気候最良期），歴史時代の気候，小気候最良期，小氷期，観測時代の気候

研究課題：気候を復元してみよう

水越允治（2004/2006/2008/2010/2012/2014）：『古記録による 16 世紀 /15 世紀 /14 世紀 /13 世紀 /12 世紀 /11 世紀の天候記録』（東京堂出版）は資料としてたいへん価値の高い本である．これを用いて，期間を定め，気候を復元してみよう．たとえば冬の降雪日率や，夏の降水日率を求めたり，梅雨入り・梅雨明けの日を推定することが可能である．現在と比較して，その時代が温暖か寒冷か，判断してみよう．

第8章 異常気象と
変わりつつある気候

この章の学習目標：

1 エル＝ニーニョ現象とはどのような現象か．「気候システム」の考え方ではどのように解釈されるか．

2 温室効果とは何か．温暖化が進行すると地球の気候はどう変化すると予測されるか．

3 ヒートアイランド現象とはどのような現象か．「気候システム」の考え方ではどのように解釈されるか．

4 人為による砂漠化はなぜ議論されるようになったか．砂漠化が進行すると地球の気候はどう変化すると予測されるか．

（1）異常気象―エル＝ニーニョ現象を例に

第1章で，気候システムの考え方が提出されたきっかけとして，「気候は変わるものである」という認識が定着してきたことを指摘した．また，変わった気候が人間生活に重要な影響を及ぼす場合，時には異常気象という形で認識されることも述べた．それならば気候は本当に変わるものであるのか，なぜ異常気象と認識されるのかなどについて，エル＝ニーニョ現象を例に解説する．

通常，赤道付近の東部太平洋（南米沖）では，寒流のペルー海流の影響で，図8-1に示すように，海水の温度が比較的低い．しかし，毎年クリスマス頃になると，暖流の赤道反流の南下により海水の温度は上昇する．これが本来のエル＝ニーニョ（スペイン語で「幼いキリスト」の意味）で，翌年の2〜3月頃まで続く．ところが，図8-2の上段に示すように，数年に1度，赤道付近の中部〜東部太平洋で海水の温度が高い状態が半年〜1年半続くことがある．これが異常気象をもたらすとされるエル＝ニーニョ現象であり（したがって本来

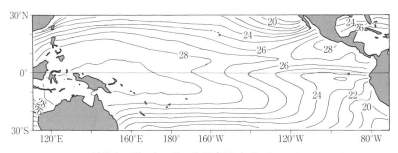

図 8-1　熱帯太平洋の年平均の海面水温〔℃〕(参考図書 9 による)

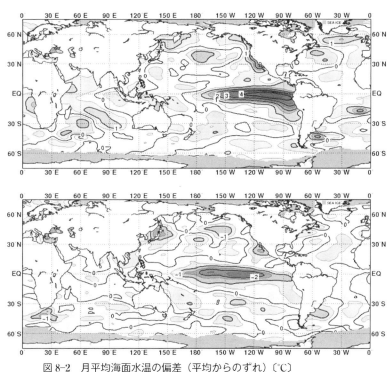

図 8-2　月平均海面水温の偏差（平均からのずれ）〔℃〕
上段：1997 年 11 月，下段：1988 年 11 月 (気象庁の HP による)

の定義とは異なり，「現象」をつけて区別する），反対に海水の温度が低い状態がラ＝ニーニャ現象（下段）である．

エル＝ニーニョ現象が気候システム（図 1-2, 7 頁）における「大気・海洋相互作用の変化」として注目されたのは 1960 年代の後半である．もともと亜熱帯の東太平洋では高気圧（亜熱帯高圧帯）が，低緯度の西太平洋では低気圧

（赤道低圧帯）が支配的であった．東太平洋で平年よりも気圧が低い（高気圧が弱い）時は西太平洋で気圧が高い（低気圧が弱い）傾向にあり，前者の高気圧が強いときは後者の低気圧が強い傾向にある．このような気圧の変動は南方振動と呼ばれる．東太平洋の気圧の偏差（平年からのずれ）から西太平洋の気圧の偏差を引いたものが南方振動指数に相当するが，図8-3に示すように，この指数がマイナス，すなわち前記の高気圧・低気圧とも弱く，高気圧から低気圧へ吹く東風も弱いとき東太平洋で海水温が高い，すなわちエル＝ニーニョ現象が発生していることがわかる．

図8-4を用いて，エル＝ニーニョ現象は以下のように説明される．東太平洋から西太平洋に向かって，通常，東寄りの南東貿易風が吹いている．これによって暖かい海水が西太平洋に押しやられている．ここで，南東貿易風が何らかの理由で弱まると，押しやられていた暖かい海水が東太平洋へ戻り，結果的に海水の温度が上昇する．このため，中部～東部太平洋では大気が通常よりも加熱され，降水量が増える．このような平年とは異なる状態が伝わり，図8-5のように全世界に異常気象が出現する．日本でも，冷夏・暖冬・梅雨明けの遅れなどがもたらされる．

エル＝ニーニョ現象が一般にも知られるようになったのは1972～73年の発

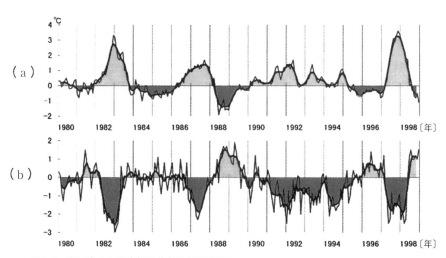

図8-3　海面水温と南方振動指数の経年変化
　　（a）赤道付近の東部太平洋（西経150度～西経90度，南緯4度～北緯4度）の海面水温
　　（b）南方振動指数（タヒチの海面気圧の偏差―ダーウィンの海面気圧の偏差）
　　（参考図書7（気象庁，1999）による／細線は月々の値，太線は6か月移動平均値）

第8章 異常気象と変わりつつある気候　127

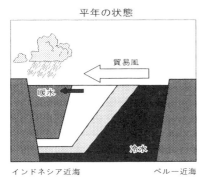

図 8-4　エル＝ニーニョ現象と雨域の移動（太平洋の赤道沿い）（気象庁，1998 による）

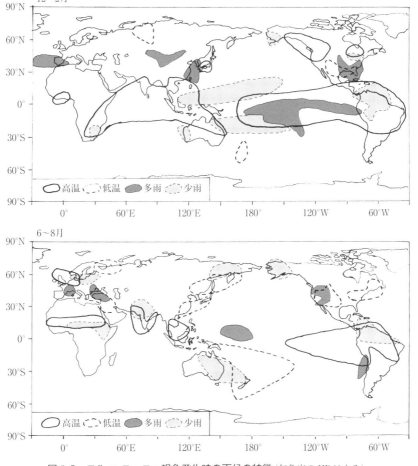

図 8-5　エル＝ニーニョ現象発生時の天候の特徴（気象庁の HP による）

生時であった．この時はアメリカ合衆国などで家畜のえさにしていたフィッシュミール（寒流系の魚であるアンチョビーをすりつぶしたもの）が少なくなり，大豆をえさに代用した．このため大豆が値上がりし，また小麦やトウモロコシから大豆への作付け転換が行われたため，異常気象で生産の減った両作物の価格が高騰した．こうして世界の食糧需給に影響を与えたのだが，そもそも「気候は変わるもの」という認識があれば食糧備蓄などは行われていたであろう．われわれの属する社会・経済にそのような認識がないために，いつもと違った大気の状態を「異常」と感じ，混乱を招いたのではないだろうか．

（2） 地球温暖化

第7章で，1970年代末から地球温暖化が論じられるようになったことを指摘した．この大きな原因は，人間活動による温室効果ガスの排出量の増加である．実際に，1950年代までの気温の変化は太陽活動や火山活動などの自然現象で説明できるが，それ以降の気温の変化は温室効果ガス濃度の上昇を考慮しないと説明できない．

二酸化炭素をはじめ，フロン・メタン・一酸化二窒素などの気体は，地球から宇宙へ放出するエネルギーの一部を吸収・反射し，その結果として地球の気温を上昇させる働きを持つ．図8-6はこれを模式的に示したもので，このよう

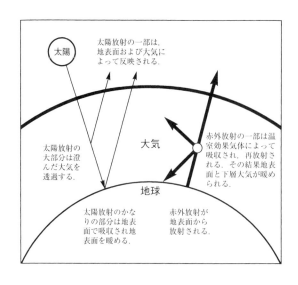

図8-6 温室効果の模式図
（IPCC（1990）：気象庁訳．参考図書9：気象庁，1994による）

な働きを温室効果という．温室効果ガスのうち最も量が多いのが二酸化炭素で，図8-7のように季節変動をしながら増加している．これは，大陸の面積の広い北半球の夏から秋にかけて，活発な光合成のために二酸化炭素の濃度が減少することに起因する．経年変化を見ると，年間約2.1 ppmの割合で二酸化炭素の濃度が増加している．これは，石炭・石油・天然ガスなどの化石燃料の消費の増加で説明できる．すなわち，化石燃料の燃焼によって発生した二酸化炭素のうち，5〜6割が大気中に留まる．これを過去にさかのぼると，産業革命時からの二酸化炭素の濃度の増加（過去のデータは氷床のボーリングによって得られる）は化石燃料の消費の増加でほぼ説明できる．

　温暖化の予測は，数年に一度，IPCC（気候変動に関する政府間パネル）の報告書によって行われている．2013年の報告書によると，厳しい排出規制を行うRCP 2.6（低位安定化シナリオ：数字は放射強制力—温暖化を引き起こす力に相当する—を示す）から緩和策を行わないRCP 8.5（高位参照シナリオ）まで4つのケース（RCP 4.5：中位安定化シナリオとRCP 6.0：高位安定化シ

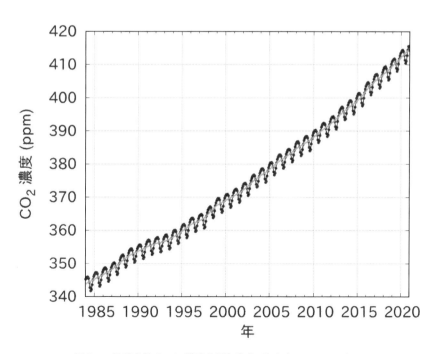

図8-7　地球全体のCO$_2$濃度の経年変化（気象庁のHPによる）
折れ線は月平均濃度．なめらかな線は季節変動を除去した濃度．

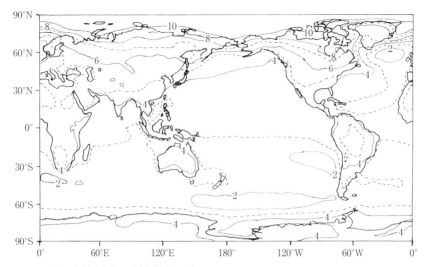

図 8-8　年平均地上気温の将来変化予測（IPCC の報告書をもとにした鬼頭, 2017 により作成）
(2080〜2099 年の平均) − (1986〜2005 年の平均) の値を示し, CO_2 などの温室効果ガスの削減策を行わないことを想定した「高位参照シナリオ」にもとづく.

ナリオは両者の中間に相当する）ごとに予測を行い，今世紀末には RCP 2.6 で 0.3〜1.7℃，RCP 4.5 で 1.1〜2.6℃，RCP 6.0 で 1.4〜3.1℃，RCP 8.5 で 2.6〜4.8℃，それぞれ全球平均気温が上昇する．図 8-8 は RCP 8.5 のケースによる 21 世紀末における 20 世紀末からの年平均気温の上昇量を示したものである．高緯度の方が低緯度よりも，同じ緯度なら大陸の方が海洋よりも，さらに図からはわからないが冬の方が夏よりも，それぞれ気温上昇量が大きい傾向にあると予測されている．降水量については，地球全体では 2〜10％ の増加とされているが，「現在降水量の多い地域はより多くなり，少ない地域ではより少なくなる」（wet-get-wetter／dry-get-drier メカニズム）とされている．海面上昇量については，RCP 2.6 で最小でも 0.26 m，RCP 8.5 で最大 0.82 m とされ，北極海の 9 月の海氷は RCP 2.6 で 43％，RCP 8.5 で 94％ 減少するとされる（以上は『異常気象レポート 2014』による）．

（3）　ヒートアイランド現象

　地球温暖化以上に大都市の気温を上昇させているのがヒートアイランド現象である．これは，図 8-9 に示すように，郊外よりも都心の方が高温になる現象

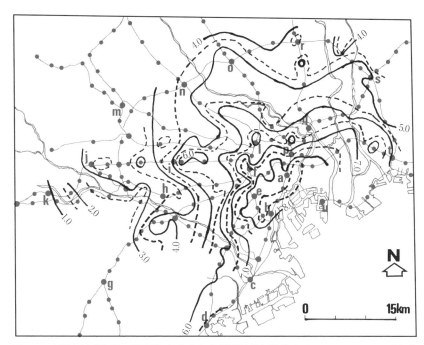

図 8-9　鉄道網を利用して観測した東京および周辺の気温分布（Yamashita, 1996 により作成）

1990年12月4日5時ごろのもので，黒丸は主要駅を表し，等温線は0.5℃ごとに描いた．
a：東京, b：品川, c：川崎, d：横浜, e：渋谷, f：新宿, g：相模大野, h：調布, i：三鷹, j：立川, k：八王子, l：池袋, m：所沢, n：北朝霞（朝霞台）, o：南浦和, p：上野, q：北千住, r：南越谷（新越谷）, s：新松戸, t：南船橋, u：新木場

で，特に無風・晴天時の冬の日の最低気温に現れる．都市の規模が大きいほど，換言すれば人口が多いほど，ヒートアイランド現象は明瞭になる．表8-1は気温の経年変化などを示したものであるが，大都市ほど，冬の方が夏よりも，日最低気温の方が日最高気温よりも，気温の上昇率が大きく，ヒートアイランド現象は進行していることがわかる．

　原因としては，1)都心での排熱量が多い，2)都心の汚れた空気が宇宙へ放出する地球放射を吸収してしまう（これに対しては近年否定的見解もある），3)高層建造物などにより凹凸が多く，また，天空も遮蔽され排熱が逃げにくいことに加え，建造物の壁が上空の暖気を取りこんでしまう，4)ビルの壁などが熱を吸収してしまう，5)アスファルトの被覆が多く，これが（黒いので）太陽放射を多く吸収してしまい，かつ降水の地下への浸透を妨げ，水分量を少なくしてしまう，6)植生が少なく，前項と併せ，蒸発・蒸散の際に大気から奪われる

熱が少なくなる，などがあげられる．時間帯や季節にもよるが，このうち重要なのは，排熱量よりも3)4)5)6)で示したような「都市化の進展」である．図8-10は，高層建造物や植生の少なさなどの都市カテゴリーを除去した場合の気温の低下量を示しており，都市化により最大2.5℃以上の日平均気温の上昇があることがわかる（参考までに排熱量による上昇は最低気温で最大約1.0℃と見積もられている）．これにより東京に小さな低圧部が形成され，集中豪雨の発生や，海風の進入を妨げることに起因する関東内陸部の夏の顕著な高温

表8-1 日本の大都市の平均気温（年，1月，8月），日最高気温（年平均値）および日最低気温（年平均値）の100年あたりの上昇量 (気象庁，2002による)

地　点	使用データ開始年	100年あたりの上昇量（℃）			日最高気温（年平均）	日最低気温（年平均）
		平均気温				
		年	1月	8月		
札　幌	1901年	+2.3	+3.0	+1.5	+0.9	+4.1
仙　台	1927年	+2.3	+3.5	+0.6	+0.7	+3.1
東　京	1901年	+3.0	+3.8	+2.6	+1.7	+3.8
名古屋	1923年	+2.6	+3.6	+1.9	+0.9	+3.8
京　都	1914年	+2.5	+3.2	+2.3	+0.5	+3.8
福　岡	1901年	+2.5	+1.9	+2.1	+1.0	+4.0
大都市平均		+2.5	+3.2	+1.8	+1.0	+3.8
中小規模の都市平均		+1.0	+1.5	+1.1	+0.7	+1.4

図8-10 夏の関東地方における「都市なし」と「都市あり」の24時間気温の差のシミュレーション（℃）
(参考図書9による)
等高線（破線）は100mおきに描いてシミュレーションしてある．

(これはフェーン現象も一因とされる)などが説明されつつある．その一方で，都心の高温を緩和するものとして皇居などの広い緑地も注目されている．

(4) 砂漠化・植生破壊

図8-11に示すように，1970年前後，サハラ砂漠の南縁のサヘル地方では，降水量が減少し平年の値に戻らず，不毛地の拡大＝砂漠化が深刻になってきた．当初は赤道低圧帯が北上しなくなったことによる異常気象と考えられていたが，地表における反射率（アルベド）を下げたり，土壌水分量を増やしたりすれば，降水量が増えるとの数値実験が提出されるのに伴い，人為的な植生破壊（地表面が黒っぽい状態から白っぽい状態に変わる＝アルベドが上がるとともに，太陽放射が直接地表に達して土壌水分が減る方向に陸面状態が変わる）が砂漠化の要因として取り上げられるようになった．他に，過剰灌漑の結果地中の塩基性物質が地表に集積する土壌塩化も，砂漠化の要因としてあげられる．砂漠化は，図8-12で示すように世界中に広がっており，乾燥〜半乾燥地域ではだいたいどこでも砂漠化は起こっていることになる．

植生破壊が進むと，太陽光の反射率や土壌水分量が変わることによって蒸発散量が減少し，世界の水蒸気バランスが崩れ，世界中の降水量が変動するとの予測がある．図8-13はサヘル地方〜熱帯アフリカの植生を破壊したときの降

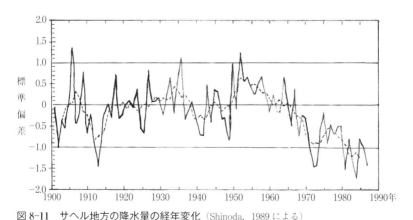

図8-11　サヘル地方の降水量の経年変化（Shinoda, 1989による）
縦軸は1951〜80年の平均値に対する値で，「1.0」「−1.0」は，それぞれ「標準偏差の分だけ多い（少ない）」ことを意味する．太線は年々の値を，破線は5年移動平均の変動を示す．

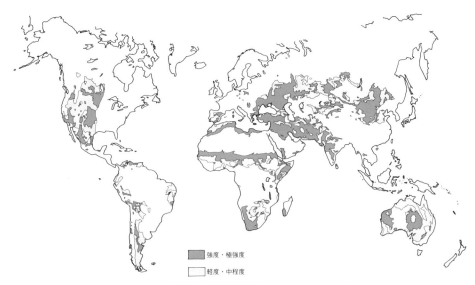

図 8-12　世界の砂漠化地域（UNEP, 1997 による）

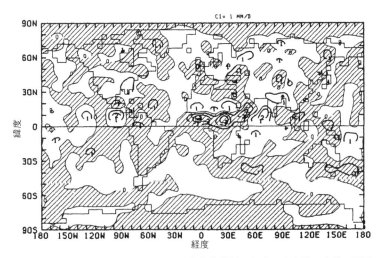

図 8-13　サヘル地方〜熱帯アフリカの森林を伐採した時の降水量の変動の予測例（Kitoh et. al. 1988 による）
　　　　等値線は 1 mm/日．降水量が減少すると予測される地域を斜線で示す．

水量分布の変動の予測を示した例であるが，日本を含め，降水量の減少が予測される地域が，アメリカ合衆国以外の主要穀物生産国を含め，世界中に広がっていることがわかる．

第8章　異常気象と変わりつつある気候　　135

【この章のまとめ】

1　数年に一度赤道付近の東部太平洋で海水温が高くなるエル＝ニーニョ現象
　　は，世界中に異常気象をもたらす．

2　温室効果ガスである二酸化炭素などの濃度増加により，地球温暖化が進む
　　ことが予想されている．

3　郊外よりも都心が高温になるヒートアイランド現象は，排熱量の増加や都
　　市的土地利用の増加によって生じる．

4　砂漠化や植生破壊によって太陽光の反射率や土壌水分量が変わり，世界の
　　降水量分布に変動が生じる可能性がある．

【理解度チェック】

1　エル＝ニーニョ現象が発生した年を調べ，日本でどのような異常気象が発
　　生したかをまとめなさい．

2　二酸化炭素の他も含めた温室効果ガスの人為的な排出源や濃度変化につい
　　て，近年の動向をまとめなさい．

3　地球温暖化が進行すると，どのような変化が生じると予想されているか，
　　まとめなさい．気象庁編集の『地球温暖化予測情報』や『異常気象レポー
　　ト』などを参考にするとよい．

　　この章のキーワード：

　　　　エル ＝ ニーニョ現象，地球温暖化，温室効果，

　　　　ヒートアイランド現象，砂漠化

研究課題：クールアイランド現象

　ヒートアイランド現象を緩和するものの1つとして，大規模な公園などの都
市の緑地が注目されている．ここには周辺よりも低温の地域＝クールアイラ
ンド―いわばヒートアイランドの逆の現象―が形成されることが観測によって
知られている．図8-14は皇居に形成されたクールアイランドの例であるが，
クールアイランドの成因について考察しなさい．

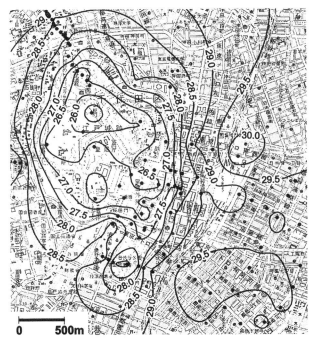

図 8-14　皇居および皇居外苑とその周辺の気温分布〔℃〕（環境省の HP による）
　　　調査日時は 2007 年 8 月 10 日 3〜4 時

参考図書

ここでは，比較的入手が容易で，全般的な学習の参考になる単行本を中心に
あげる．本文中の各図表の出典表記にある「参考図書」（一部絶版になってい
るものもある）の番号は，ここに記す番号と対応する．

I　日本語の教科書

日本語の教科書には以下のようなものがある(ページ数は総ページを示す)．

1　吉野正敏（1978）:「**気候学**」，原書房，350 p.
　　1冊だけあげるとしたらやはりこの本であろう．本書よりレベルは高い
　　が，図が多く，参考文献が充実しているのが，初学者にはありがたい．

2　水越允治・山下脩二（1985）:「**気候学入門**」，古今書院，144 p.
　　1よりやさしい本で，本書で扱わなかった生活との関連にも詳しい．

3　小倉義光（1999）:「**一般気象学（第2版）**」，東京大学出版会，304 p.
　　物理的側面を確認したい場合，まず読む1冊．ただしある程度の数学の
　　素養がいる．日本に関しては，同じ著者の「日本の天気」東京大学出版会
　　もある．

4　貝塚爽平（1992）:「**平野と海岸を読む（自然景観の読み方　5）**」，岩波書
　　店，142 p.
　　「やさしい地形学」に最も近いレベルの本で，文章もです・ます体で読
　　みやすい．同じ著者と他3人の共著である「日本の平野と海岸（新版　日
　　本の自然　4）」，岩波書店は各地方の地形に詳しい．

5　中村和郎・木村竜治・内嶋善兵衛（1996）:「**日本の気候（新版　日本の自
　　然　5）**」，岩波書店，262 p.

6　倉嶋　厚（2002）:「**大学テキスト　日本の気候**」，古今書院，228 p.
　　日本の気候を詳しく勉強したい時の本．5は日本の各地方の気候誌の側
　　面を持ち，中学校の教壇に立ったとき特に有用であろう．6は統計表が多
　　く，元天気キャスターの著者の平易な文章は天気解説を思わせる．

7 気象庁編（1994/1999/2005/2014）：「異常気象レポート'94/'99〈各論〉/2005」，大蔵省印刷局，444 p. /341 p. /383 p.

第8章の内容について最新の情報が得られる．出典の年度がないものは1999年発行のものからの引用である．

最近出版された新書版の参考書には好著が多い．

① マーク＝マスソン（森島　済監訳）（2016）：「気候」，丸善サイエンスパレット，198 p.

② 水野一晴（2018）：「世界がわかる地理学入門」，ちくま新書，318 p.

③ 古川武彦・大木勇人（2011）：「図解気象学入門」，講談社ブルーバックス，301 p.

④ 森　朗（2017）：「異常気象はなぜ増えたのか」，祥伝社新書，200 p.

⑤ 山崎晴雄・久保純子（2017）：「日本列島100万年史」，講談社ブルーバックス，270 p.

⑥ 貝塚爽平（1977）：「日本の地形」，岩波新書，234 p.

①は図が苦手な人向けの本で，訳文もこなれており読みやすい．②は本書でも難しいと思う読者が読むべき本で，豊富なフィールド調査に基づいた自然地理学の記述は読み応えがある．③は本書よりやや難しいが，理科にさほど抵抗がない読者ならおすすめの本．④は小道具を多用した気象解説でおなじみの著者の書き下ろしで，タイトルとはやや異なり日本の気候に詳しい．⑤は日本の地形を地域ごとにわかりやすく解説している．本書では扱いが軽い地形について詳しく勉強したい読者には⑥を勧める．

II　英語の教科書

英語の教科書には以下のようなものがある（決して難しくない．単語＝「業界用語」がある程度わかれば十分理解できる．図などは日本語の教科書よりもわかりやすい．もっと新しい版がそれぞれの本についてあるかもしれない）．

a. Strahler, A. N., Strahler, A. H.（1989）：**"Elements of Physical Geography**（fourth edition）"，John Wiley Sons, 562 p.

b. Bunnett, R. B.（1993）：**"Physical Geography in Diagrams**（fourth GCSE edition）"，Longman, 263 p.

これらは自然地理学全般について記述されている．コンパクトな **b** は
「日本語でもこんな教科書がほしい」と思わせる．**a** は写真が特にきれい
で，図も大きくわかりやすい．Strahler & Strahler の "Physical Geography" のタイトルの本は他にもあるが，どれもさほど大きな差はない．

c．Barry, R. G., Chorley, R. J. (2003)："**Atmosphere, Weather, and Climate** (eighth edition)", Routledge, 421 p.

d．Riehl, H. (1978)："**An Introduction to Atmosphere** (third edition)", McGraw-Hill, 410 p.

e．Trewartha, G. T., Horn, L. H. (1980)："**An Introduction to Climate** (fifth edition)", McGraw-Hill, 462 p.

気候学に限定すればこの 3 冊である．文章のやさしさなら **e** が定評があるが，個人的には図が大きくきれいな **c** の方が好きである．**d** は筆者が最初に購入した英語の教科書で，活字が多く，「いかにも難しそうな英語の本」という第一印象がある．

【本書の図版の原典】

図表（一部改変したものを含む）の出典は以下の通りである（ページ数は引用箇所のページを示す）．図表に出典が明記されていないものは筆者の作成したものである（一部明記したものも含む）．改めて引用に同意していただいた著者，出版社各位に深く感謝します．

青山高義・小川　肇・岡　秀一・梅本　亨編（2009）：「日本の気候景観　増補版」古今書院（表 1-3, p.6, 図 1-3, p.114）

貝塚爽平編（1997）：「世界の地形」東京大学出版会（図 5-11, p.97, 図 5-12, p.96, 図 7-3, p.233）

貝塚爽平・小池一之・遠藤邦彦・山崎晴雄・鈴木毅彦編（2000）：「日本の地形　関東・伊豆小笠原」東京大学出版会（図 7-6, p.13）

片山　昭（1974）：システムと制御, 18, p.10（図 3-4）

岸保勘三郎・田中正之・時岡達志編（1982）：「大気の大循環」東京大学出版会（図 6-7, p.195）

気象衛星センター（2006 a/b）：天気, 53, p.138（図 6-20）/p.722（図 6-13）

気象庁編（1993）：「日本気候図」大蔵省印刷局（図 6-10, p.2）

気象庁編（1998）：「今日の気象業務」大蔵省印刷局（図 8-4, p.11）

気象庁編（2002）：「20世紀の日本の気候」財務省印刷局（図6-1, p.13, 図6-2, p.16, 表8-1, p.30）

鬼頭昭雄（2017）：「変わりゆく気候」NHK出版（図8-8, 口絵）

駒林　誠・中村和郎（1980）：科学, 46, p.211（図6-6）

阪口　豊・高橋　裕・大森博雄（1995）：「日本の川」岩波書店（図6-23, p.222, 表6-2, p.225）

高橋百之（1961）：気象研究ノート, 98号, p.89（図6-19）

東木竜七（1926）：地理学評論, 2, p.597, p.659, p.746（図7-22）

原　基（2013）：天気, 60, p.454,（図6-9）

福井英一郎（1961）：「気候学概論」朝倉書店（図3-5, p.23, 表6-1, p.71）

福井英一郎編（1962）：「気候学」古今書院（表3-1, p.48, 図4-7, p.144）

福井英一郎編（1966）：「自然地理学Ⅰ」朝倉書店（図2-13, p.54, 図2-18, p.24, 図5-4, p.68, 図5-10, p.78）

福井英一郎・浅井辰郎・新井　正・河村　武・西沢利栄・水越允治・吉野正敏編（1985）：「日本・世界の気候図」東京堂出版（図5-7, p.105, 図6-14, p.89）

前島郁雄・田上善夫（1983）：気象研究ノート, 147号, p.81（図7-13）

町田　貞（1984）：「地形学」大明堂（図7-5, p.267）

丸山健人・水野　量・村松照男（1995）：「大気とその運動」東海大学出版会（図6-17, p.75）

三上岳彦（1983）：気象研究ノート, 147号, p.91（図7-14）

水越允治（1962）：地理学評論, 35, p.35（図6-12）

矢澤大二（1989）：「気候地域論考」古今書院（図1-1, p.386, 図5-2, p.308, 図5-3, p.310, 表5-1, p.369～370, 図5-6, p.373, 図5-8, p.73）

安田喜憲（1982）：第四紀研究, 21, p.255（図7-7）

山本武夫（1983）：気象研究ノート, 147号, p.61（表7-2, 表7-3）

吉野正敏（1979）：「世界の気候・日本の気候」朝倉書店（図6-11, p.113）

吉野正敏・甲斐啓子（1977）：地理学評論, 50, p.635（図6-3）

Adams, J. M., et. al.（1990）：Nature, 348, p.711（表7-1）

Chu, K.-ch.（1973）：Scientia Sinica, 16, p.226（表7-4）

Dansgaard, W., et. al.（1975）：Nature, 255, p.24（図7-15）

Hide, R.（1969）：G. A. Corby ed. "The Global Circulation of the Atmosphere" Royal Meteorological Society.（図3-10）

IPCC（1990）："Climate Change, the IPCC Scientific Assessment"（eds. Houghton, J. T., Jenkins, G. T., Ephraums, J. J.）Cambridge University Press, U. K.,（図8-6）

Kitoh, A., et. al.（1988）：J. Met. Soc. Japan, 66, p.65（図8-13）

Lamb, H. H.（1995）:"Climate, History and the Modern World（2nd ed.）" Routledge, London.（図 7-12, p.141, 図 7-16, p.262, 図 7-17, p.80）

Okuda, M.（1970）: Pap. Met. Geophys., 21, p.323.（図 6-15）

Pfister, Ch.（1981）: Schweizerishe Zeitschrift für Geschichte, 31, p.445（表 7-5）

Shinoda, M.（1989）: J. Met. Soc. Japan, 67, p.555.（図 8-11）

UNEP（1997）:"World Atlas of Desertification（2nd ed.）" Arnold, London.（図 8-12）

Von der Haar, T. H., Suomi, V. E.（1969）: Science, 163, p.667（図 2-9）

Yamashita, S.（1996）: Atmos. Environ., 30, p.429（図 8-9）

索　引

AI →マルトンヌの乾燥指数
AMeDAS →アメダス
IPCC →気候変動に関する政府間パネル
ITCZ →熱帯収束帯
JPCZ →日本海寒帯気団収束帯
SPCZ →南太平洋収束帯
V 字状雲パターン　92
δ^{18}O 値　112

あ行

亜寒帯低圧帯　33,36,37,51,55
亜熱帯高圧帯　33,36,38,51,57,125
アメダス（AMeDAS）　3
アリソフの気候区分　64
アルベド　7,17,81,133
雲量　18,60
液状化現象　106
エル＝ニーニョ現象　6,124
小笠原高気圧　53,86
オホーツク海高気圧　7,86
温室効果　81,128
温室効果ガス　8,117,128
温帯気候　77
温帯低気圧　35,84
温暖前線　35,84

か行

外因　8
海岸段丘　102,108
海岸平野　102
海溝　118
貝塚　122
海面更正　21,26,36
海洋性気候　40
河岸段丘　108
河況係数　95

隔海度　56
可降水量　48
火山活動　8,115
火山フロント　119
化石燃料　129
活断層　119
カナリア海流　38
花粉分析　104
カリフォルニア海流　38
寒極　21,25
観測時代の気候　115
寒帯前線　35,36,38
関東造盆地運動　102
間氷期　98
寒流　6,38
寒冷前線　35
気圧配置型　78
気候　2
気候区分　6,61,94
気候景観　9
気候最良期→ヒプシサーマル
気候システム　6,125
気候変動に関する政府間パネル　129
気候要素　3,66
気象　1
季節風　2,35,45,50,52,57,82
北回帰線　15
北大西洋海流　38
北太平洋（日本）海流　38
気団　5,64,81
強制上昇　50,56,89
極高圧帯　33,51,56
極前線帯　36
極東風　34,35,36,39,62
極夜　13
近代気候学　5

クールアイランド 135
クロイツブルクの気候区分 66
結果的気候区分 66,94
ケッペンの気候区分 6,71
減率（逓減率） 21
降水の季節変化 52
後背湿地 106
黒色土壌 100
古典気候学 5
コリオリの力→転向力

さ行

サイクロン 86
砂嘴 102
砂州 102
砂漠 18,100
砂漠化 133
サヘル 133
三角江（エスチュアリ） 101
三角州 106
ジェット気流 32,33,38,41,82
子午面循環 33
自然堤防 106
シベリア高気圧 38,56,77,89,94
下末吉面 102
秋霖 86
小気候最良期 109
蒸散 8,47,131
蒸発散位 68
小氷期 110,113,115
植生 8,71
植生破壊 133
吹走流 38
筋状雲 92
成因的気候区分 61,94
静気候学 5
西風皮流（南極環流） 39
関口の気候区分 94
赤道西風 62
赤道低圧帯 33,38,50,54,62,86,126,133
積乱雲 79,84,88

節気 2
線状降水帯 84
扇状地 106
総観気候学 5
相対湿度 47
ソーンスウェイトの気候区分 68

た行

大気の大循環 33
台地 108
台風 32,86
太陽活動 8,115
太陽高度 2,12,15
太陽放射 12,16,19,21,35,81
第四紀 98,119
大陸性気候 40,77
高潮 106
暖流 6,38
地球温暖化 8,117,128
地球放射 19,21,35,81
千島海流 39
沖積平野 102,104
沈水 101
対馬海流 89,104
津波 119
逓減率→減率
天気 1
天気界 92
天気図 5
天候 1
転向力（コリオリの力） 31,34,62,86
動気候学 5
東西循環 33
土壌塩化 133
土壌水分量 8,133
トンボロ（陸繋砂州） 102

な行

内因 8
南極環流→西風皮流
南極圏 13

南方振動　126
二酸化炭素　128
日較差　25,26
日照時間　13
日本海寒帯気団収束帯（JPCZ）　92
熱赤道　22,34
熱帯収束帯（ITCZ）　34,38,86
熱帯低気圧　32,56,86
熱的循環　30,33
年較差　25,26,77
年輪　109

は行

梅雨　53,78,86,94
梅雨前線　86
バックビルディング現象　84
ハリケーン　86
東グリーンランド海流　39
ヒートアイランド現象　130
比熱　21,35
ヒプシサーマル（気候最良期）　109
白夜　13
氷河性海面変動　101
氷期（氷河時代）　98
氷床　98,112
比流量　95
風化　106
プレートテクトニクス　118
ブロッキング現象　7
フローン＝クプファーの気候区分　62
分布論的方法　6,68
フンボルト海流→ペルー海流
ペルー（フンボルト）海流　38,40,57,124

ベンゲラ海流　38,40,57
偏西風　34,36,39,48,53,55,62
放射強制力　129
貿易風　33,36,39,50,57,62,126
飽和水蒸気量　46
北陸不連続線　89
北極圏　13
北極振動　7

ま行

前島の気候区分　94
マルトンヌの乾燥指数（AI）　5
三日月湖　106
水の循環　47
南回帰線　13
南太平洋収束帯（SPCZ）　37,55
メキシコ湾流　38
メソ対流系　79,86,89,92
モンスーンアジア　38,48

や行

やませ　86
ヤンガードリアス期　108
湧昇流　7

ら行

酪農　100
ラ＝ニーニャ現象　125
ラブラドル海流　39
リアス海岸　101
離水　102
歴史時代の気候　109
レス　100

補遺1：新期造山帯と大気大循環

　約6550万年前以降の新生代になると，地球の表面のうち厚さ数十キロの岩盤＝プレートの運動が活発になってきた．

　太平洋や大西洋・インド洋では新しくプレートが生成され両側に離れていく「ひろがる境界（発散境界）」が位置する．これに伴い，アメリカ大陸の太平洋側では一方のプレートが他方に沈み込むタイプの「せばまる境界（収束境界）」が形成され，大陸の隆起が生じ，環太平洋造山帯の一部であるロッキー山脈やアンデス山脈となっていった．

　また，大陸の一部が分離・移動し，一部は他の大陸と衝突することになった．補図-1に示すように，インド半島が南極などから離れ北上し，レユニオン島のホットスポット上を通過（この時の火山活動に起因する玄武岩が風化したのがデカン高原に分布するレグールである），赤道を越えユーラシア大陸に遅くとも1000万年ごろまでには衝突したとされる．この過程でヒマラヤ山脈やチベット高原が隆起し，その後も隆起し続けたため現在のような高峻な山地になっている．また，アフリカ大陸やアラビア半島も北上しユーラシア大陸に衝突，地中海が600〜500万年前にはほぼ閉ざされた上，ユーラシア大陸南端が隆起し，アルプス山脈などが形成されていく．これがアルプス＝ヒマラヤ造山帯である．

　ヒマラヤ山脈・チベット高原やロッキー山脈（東西の幅が広く，その意味では「山塊」に近い）の隆起は続き，しだいに大気の大循環にも影響を及ぼすようになった．上空のジェット気流がしだいに両山脈の南側を迂回し，迂回したジェット気流は両山脈の東側では北上し，アリューシャン列島付近やアイスランド付近の低気圧の形成の一因となった．また，ヒマラヤ山脈・チベット高原は，比熱が小さい＝海洋に比べ温まりやすいことにより夏は低圧部となり，海洋からの湿った季節風が吹き込みモンスーン気候の形成につながった．さらに，高峻となったヒマラヤ山脈・チベット高原には氷河が形成され，気候の寒冷化が進むことになった．

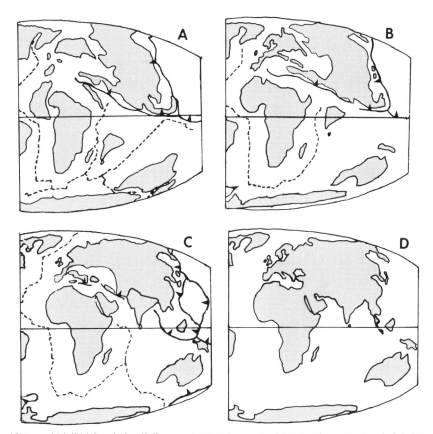

補図-1　新生代以降の大陸の移動（日本古生物学会 (2010):「古生物学事典　第 2 版」朝倉書店をもとに作成）

A：約 6940 万年前（新生代が始まる直前）B：約 5020 万年前　C：約 1400 万年前　D：現在
薄く塗ったところは当時の陸地（一部の島嶼は省略）を，横の線は赤道を示す．破線はプレートのひろがる境界を，太い実線はせばまる境界を示し，矢印の方向にプレートが沈み込んでいる．

補遺 2：世界の土壌分布

　もとの岩石（母岩）を構成する物質が風化したものに，植物などを起源とする有機物が混ざったものが土壌である．時間の経過とともに，降水量や気温，これに関係する蒸発量といった気候条件によりおおよそ規定される植物の特徴が，母岩よりも強く土壌の特徴に反映されるようになる．こうして気候帯に対応した成帯（成帯性）土壌が形成されていく．これに対し，母岩や地形などの影響が強く残っている土壌を間帯性（非成帯性）土壌という．

　補図-2 は，世界の土壌を肥沃度をもとに分類し，その分布を肥沃度の順に示したもので，A が最も肥沃，G が最もやせた土壌である．C 以上が肥沃な土壌とみてよいだろう．それぞれのランクには以下のような 12 の土壌が含まれる．

A：①チェルノーゼム—砂漠やかつての氷河の周辺で細かい砂 = レスに草原（ステップ由来）の腐植が混ざった土壌．ウクライナに分布するもの以外にも，北米のプレーリー土や南米のパンパロームも含む．

B：②粘土集積土壌—湿潤な森林地帯で風化が進み，腐植を含む粘土が下方へ移動した土壌で，耕すことで肥沃度は増す．テラローシャ（ブラジル高原の玄武岩起源の土壌）やテラロッサ（地中海北岸の石灰岩起源の土壌）も含む．
　③ひび割れ粘土質土壌—玄武岩を母岩とし，半乾燥地帯で形成された土壌．代表例がデカン高原（インド）のレグール．

C：④黒ボク土—火山灰に腐植が混ざった土壌で，日本などに多い．
　⑤若手土壌—⑧の未熟土が風化し腐植が含まれるようになった土壌．

D：⑥強風化赤黄色土—高温多雨気候下で微生物による腐植の分解が進む一方，アルミニウムが集積した土壌．

E：⑦オキシソル—高温多雨の安定陸塊で腐植が長期にわたる風化で失われ，鉄さびやアルミニウムが残った土壌．
　⑧未熟土—ほぼ岩石のままの土壌．

F：⑨ポドゾル—冷涼気候下の針葉樹林帯で有機酸による溶脱の結果残った灰白色土壌．
　⑩泥炭土—寒冷かつ水分の多い地域で地衣類や蘚苔類の遺体が集積した土壌．

G：⑪砂漠土—乾燥地域で激しい蒸発に伴い塩類が集積した土壌．
　⑫永久凍土—寒冷地域で 2 年以上氷点下の土壌．

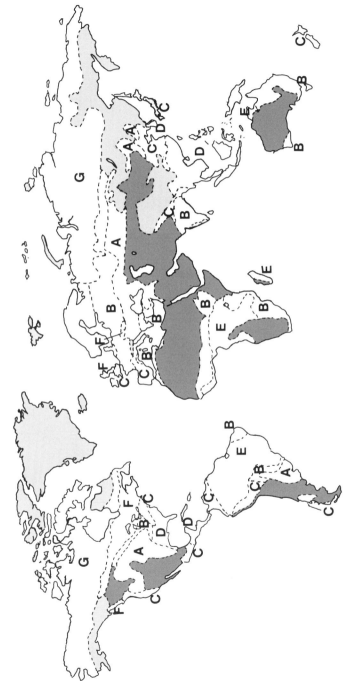

補図-2 世界の土壌分布（藤井一至（2018）：「土 地球最後のナゾ」光文社新書をもとに作成）
細部は一部省略したところがある。薄く塗った箇所は「土」なしくは分類不能の地域を、やや濃く塗った箇所は砂漠土と未熟土の混ざった地域である。

著者紹介

仁科 淳司 にしな じゅんじ

明治学院大学，都留文科大学，津田塾大学，千葉大学講師.
1957年神奈川県生まれ. 1986年東京大学大学院理学系研究科地理学専門課程
博士課程修了(理学博士). 専門は気候学，特にアメダスデータなどを用いた
中規模（メソ）スケールの気候学.

書　名	やさしい気候学　第4版 　気候から理解する世界の自然環境
コード	ISBN 978-4-7722-8511-7
発行日	2022年2月24日　第4版第2刷発行 　　2003年7月24日　初版第1刷発行 　　2004年4月14日　初版第2刷発行 　　2005年5月24日　初版第3刷発行 　　2007年3月3日　増補版第1刷発行 　　2009年4月22日　増補版第2刷発行 　　2014年3月10日　第3版第1刷発行 　　2015年1月31日　第3版第2刷発行 　　2019年4月5日　第4版第1刷発行
著　者	仁科淳司 Copyright　©2019 Junji NISHINA
発行者	株式会社古今書院　橋本寿資
印刷所	三美印刷株式会社
製本所	三美印刷株式会社
発行所	古今書院 〒113-0021　東京都文京区本駒込5-16-3
電　話	03-5834-2874
ＦＡＸ	03-5834-2875
振　替	00100-8-35340
ホーム ページ	http://www.kokon.co.jp/
	検印省略・Printed in Japan